rüffer & rub

Grundzüge der deduktiven Physik

Fundament für die Großen Theorien der Physik

Hans Widmer

Erste Auflage Herbst 2013
Alle Rechte vorbehalten
Copyright © 2013 by rüffer & rub Sachbuchverlag, Zürich
info@ruefferundrub.ch
www.ruefferundrub.ch

Druck und Bindung: CPI – Ebner & Spiegel, Ulm
Papier: Fly, spezialweiß, 115 g/m², 1.2

ISBN: 978-3-907625-69-9

Inhalt

Prinzip der deduktiven Physik

Die Gesetze der Physik entstanden aus der Bearbeitung von Teil-
aspekten der materiellen Welt; stets waren Experiment und Beobachtung die Basis, weshalb sich für Relativitätstheorie, Quantenmechanik, Elementarteilchen-Physik und Elektromagnetismus kein
gemeinsames Fundament ergab. Traten mit bisherigen Erkenntnissen nicht erklärbare Phänomene auf, behalf man sich mit neu-
en Begriffen und vermehrte die Zahl unabhängiger Gesetze und
Konstanten: 75 davon umfassen die abgeschlossenen Theorien, über
hundert die noch offenen.[1] Dieser unbefriedigende Tatbestand löst
ein permanentes Bemühen um Vereinheitlichung (»Grand Unifica-
tion«, »Theory of Everything« etc.) aus.

Die Großen Theorien der Physik sind Feldtheorien, und Feldtheo-
rie heißt: infinitesimaler Kontakt zwischen Ursachen und Wirkungen über den ganzen Raum; dies war schon die Funktion von Descartes' Äther. In allen Feldtheorien verborgen ist ein Kontinuum: Es
ist die Anschauung, dessen Mathematik Feldgleichungen sind. Während konventionelle Physik von den Erscheinungen auf ein Kontinuum schließt, also induktiv vorgeht, geht die deduktive Physik
(erkenntnistheoretische Grundlagen[2]) den umgekehrten Weg, leitet
von einem Kontinuum alle materiellen Erscheinungen als Dynamik
davon ab:

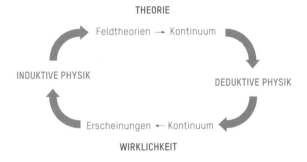

THEORIE

Feldtheorien → Kontinuum

INDUKTIVE PHYSIK

DEDUKTIVE PHYSIK

Erscheinungen ← Kontinuum

WIRKLICHKEIT

Das Kontinuum ist das Substrat, das sich zu Materie selbst organisiert. Materie ist die *Organisation* von Kontinuum, nicht das Kontinuum. Elementare materielle Organisationen sind das Substrat für höhere Organisationen. Trägheit, Gravitation und Elektromagnetismus entstehen dynamisch, sie sind nicht schon im Elementaren enthalten (Emergenz). Die infinitesimale Dynamik des Kontinuums ist das Fundament der deduktiven Physik.

Die Konstituenten dieses Kontinuums sind reine Körper, definiert als permanente, undurchdringbare Volumina – Gegenstücke zu leerem Raum und durch nichts Weiteres gekennzeichnet (insbesondere *nicht* durch Trägheit: diese resultiert erst aus der *Dynamik* des Kontinuums). Die deduktive Physik benötigt für die Darstellung der materiellen Welt nur dies: das Koordinatensystem, das durch Raum und Zeit aufgespannt wird, sowie Körper darin als Konstituenten eines spezifischen Kontinuums. Dieses Kontinuum ist nicht bloße Idee wie bei Descartes oder verbirgt sich in Mathematik wie bei Einstein, sondern es

–   *ist* das Analog zu einem isothermen Gas, was schon
    die Gleichungen der Relativitätstheorie (RT) implizieren;
–   *wird* durch die Fundamental-Konstanten spezifiziert:
    ◦ c für Ausbreitungsgeschwindigkeit von Störungen,
        $c = \sqrt{\partial p / \partial \rho}$ (»Schallgeschwindigkeit« im Kontinuum),
    ◦ G für reziproke Dichte (indirekt),
    ◦ $\hbar$ für Freie Weglänge (indirekt);

- *erklärt,* was induktive Physik einfach hinnimmt, nämlich warum
  - ○ Wechselwirkungen nicht instantan erfolgen,
  - ○ Gravitation und Elektromagnetismus gleiche Ausbreitungs-geschwindigkeiten haben,
  - ○ Interferenzen in atomaren Abständen quantenmechanische Phänomene hervorbringen (Frequenzverschiebungen),
  - ○ Interferenzen im Abstand von Compton-Längen die Starke Kraft hervorbringen (Phasenverschiebungen);
- *verknüpft* RT und Quantenmechanik (QM), indem sich die de-Broglie-Einstein-Relationen der QM aus der Lorentz-Kontrak-tion der RT ableiten;
- *versöhnt* die QM mit Einsteins Forderung nach einer »lokalen und realistischen« Theorie (akut in der Deutung der Quanten-verschränkung[3]);
- *trägt* beides:
  - ○ die Dynamik der elementaren Bausteine von Materie,
  - ○ die Expansion des Universums.

Es ist nicht die Natur, die sich mit Begriffen und Gesetzen auf-drängt, sondern diese müssen als Hypothesen erfunden und im Ex-periment erprobt werden.[4] Der Prüfstein für die Erkenntnisse der deduktiven Physik sind die Gesetze der induktiven Physik. Damit steht sie auf den Schultern der Riesen von Kepler bis zu den Schöp-fern des Standardmodells.

I – Relativitätstheorie

1. Massen-Dynamik

Die *Massen-Dynamik* begründet – fernab der Elementarteilchen-Dynamik – die makroskopischen Erscheinungen Trägheit, Gravitation, Relativität. Kontinuum strömt auf einen Punkt im Raum zu und wird von da, dem Zustrom überlagert, abgestrahlt:

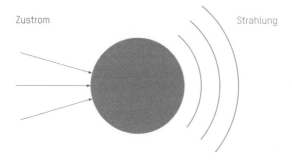

Trägheit entsteht durch die Kompression des Zustromfeldes (»Lorentz-Kontraktion«) bei Relativgeschwindigkeit einer Masse gegenüber dem ruhenden Kontinuum:

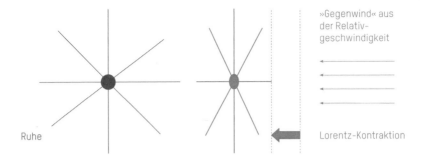

»Gegenwind« aus der Relativgeschwindigkeit

Ruhe

Lorentz-Kontraktion

Gravitation entsteht durch die Einwirkung der ausgehenden Wellen auf den Zustrom entfernter Massen, analog der Anziehung von Quellen und Senken in einem beliebigen Kontinuum:

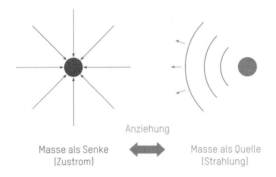

Anziehung

Masse als Senke
(Zustrom)

Masse als Quelle
(Strahlung)

Zwei Massen ziehen einander als Quelle und Senke zweimal an, stoßen einander als zwei Senken einmal ab, wirken als zwei Quellen nicht aufeinander. Der Saldo ist einmal Anziehung.

Äquivalenzprinzip: Eine Masse kann nicht ausmachen, ob sie eine Relativgeschwindigkeit zum ruhenden Kontinuum hat oder ob sie sich im Zustrom einer andern Masse befindet – der »Gegenwind« ist gleich. Statt der kinetischen ist die potentielle Energie in die Formel für die Lorentz-Kontraktion einzusetzen, zum Beispiel $\sqrt{1-v^2/c^2} \rightarrow \sqrt{1-2GM/rc^2}$

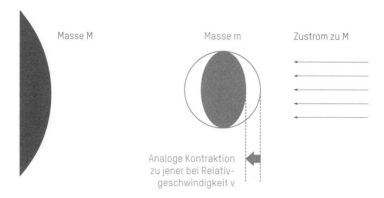

Masse M   Masse m   Zustrom zu M

Analoge Kontraktion
zu jener bei Relativ-
geschwindigkeit v

Relativitätstheorie: Ihre Ergebnisse sind Nebeneffekte der Massen-Dynamik, nämlich Kontraktion von Zustrom- und Strahlungsfeldern, mit der Folge von Veränderung der Wellenlängen und Frequenzen.

Kosmologie: Der Antrieb für die Expansion des Universums kommt vom Potential c^2 des Kontinuums.

Schwarze Löcher entstehen, wenn die austretenden Wellen einer Massen-Ansammlung den Zustrom nicht mehr überwinden können; sie absorbieren unaufhörlich Kontinuum, die darin befindlichen Sterne »schwimmen mit«.

Dunkle Materie: Die Wirkung, die die induktive Physik der Dunklen Materie zuschreibt, wird durch den Zustrom zum Schwarzen Loch in jeder Galaxie erzeugt.

Dunkle Energie: Die Wirkung, die die induktive Physik der Dunklen Energie zuschreibt, wird durch die Schwarzen Löcher in jeder der 10^{10} Galaxien unseres Universums erzeugt. Diese sind Senken, und Senken stoßen einander ab.

Die Feldgleichung ist die Basis für den Beweis dieser Behauptungen. Sie wird für ein infinitesimales Raumelement statistisch entwickelt (der Impulssatz ist auf dieser Betrachtungsstufe nicht verfügbar) und resultiert aus der Verknüpfung der zwei axiomatisch gesetzten, also nicht begründbaren Vorstellungen:

—   Erhaltung der Menge an Kontinuum,
—   Erhaltung der Bewegung des Kontinuums (Potential c^2).

2. Mengenerhaltung

Im Interesse der Klarheit erfolgen nachstehende Betrachtungen lediglich in einer Dimension, der x-Achse. Die Strömungsgeschwindigkeit in Richtung der x-Achse ist v. Die Dichte wird mit ρ bezeichnet, obwohl dieses Symbol meist für Dichten der Dimension kg/m^3 eingesetzt wird, während Dichte hier ein bloßer Koeffizient ist, nämlich des durch die Konstituenten eingenommenen Raumanteils.

In Ruhe ist der Fluss über eine Grenzfläche $\rho c/2$ in der einen und der negative Betrag $-\rho c/2$ in der Gegenrichtung. Dabei steht c für die Lichtgeschwindigkeit, der Entsprechung zur Schallgeschwindigkeit realer Gase $c = \sqrt{\partial p / \partial \rho}$.

Bei einem Strom der Geschwindigkeit v entspricht der Saldo der Flüsse in das und aus dem Intervall dx,

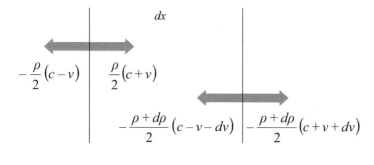

der Dichte-Veränderung im Intervall:

$$\rho dv + v d\rho + \frac{\partial \rho}{\partial t} dx = 0$$

Daraus ergibt sich die Kontinuitätsgleichung C (das Potential wirkt nicht ein):

$$C \quad \frac{\partial v}{\partial x} + \frac{v}{\rho} \frac{\partial \rho}{\partial x} + \frac{1}{\rho} \frac{\partial \rho}{\partial t} = 0$$

3. Bewegungserhaltung

In der folgenden Betrachtung bleibt der Strom über die Intervall-grenzen rechts und links gleich und konstant: Wird bei $x + dx$ zur Zeit $t = 0$ die Dichte um $d\rho$ instantan abgesenkt, nimmt das Kontinuum im Intervall die durchschnittliche Geschwindigkeitskomponente dv auf. Der Strom bleibt wohl konstant, setzt sich jedoch nach Erreichen des neuen Gleichgewichts anders zusammen:

$$\frac{\rho}{2}(c+v) \qquad\qquad dx \qquad\qquad \frac{\rho+d\rho}{2}(c+v+dv)$$

Aus der Gleichsetzung der beiden Ströme folgt: $\rho dv + d\rho v + d\rho c = 0$. Das neue Gleichgewicht wird erreicht, wenn sich die Dichteabsenkung rechts bis an den linken Rand mitgeteilt hat, also nach $dt = dx/c$, woraus die nachstehende Gleichung resultiert:

$$\rho\frac{dv}{dt} + c^2\frac{d\rho}{dx} + cv\frac{d\rho}{dx} = 0$$

Die angenommene Geschwindigkeit c der »Mitteilung« ergibt sich aus der Wellengleichung.

Mit
- $v \ll c$ (Vernachlässigen des Terms rechts),
- $dv/dt = \partial v/\partial t + v\partial v/\partial x$,
- $d\rho/dx = \partial\rho/\partial x$ wegen $\partial\rho/\partial t = 0$

entsteht die Euler-Gleichung M (hier statistisch hergeleitet, während dafür konventionell zweimal der Impulssatz anzuwenden ist):

$$M \qquad \frac{\partial v}{\partial t} + v\frac{\partial v}{\partial x} + \frac{c^2}{\rho}\frac{\partial\rho}{\partial x} = 0$$

4. Feldgleichung

C und M bilden für Dichte und Strömungsgeschwindigkeit ein Gleichungssystem (analog Maxwell-Gleichungen). Anstelle der Geschwindigkeit v wird zur Vereinfachung der Mathematik das in der Gasdynamik gebräuchliche Potential $\Phi = \int v\,dx$ benutzt (x, Weg), sowie eine neue Größe anstelle der Dichte ρ : $I = \ln \rho$. Damit schreiben sich

$$C \quad \Phi_{xx} + \Phi_x I_x + I_t = 0$$
$$M \quad \Phi_{xt} + \Phi_x \Phi_{xx} + c^2 I_x = 0$$

Gegenseitig nach Differentiationen Einsetzen und dabei I Eliminieren liefert die gesuchte Feldgleichung

– in einer Dimension

$$\Phi_{xx}\left(1 - \frac{\Phi_x^2}{c^2}\right) - \frac{2\Phi_x \Phi_{xt}}{c^2} - \frac{\Phi_{tt}}{c^2} = 0$$

– sphärisch (r Radius)

$$\Phi_{rr}\left(1 - \frac{\Phi_r^2}{c^2}\right) + 2\Phi_r\left(\frac{1}{r} - \frac{\Phi_{rt}}{c^2}\right) - \frac{\Phi_{tt}}{c^2} = 0$$

Aus der Feldgleichung springt sogleich die Wellengleichung bei ruhendem Kontinuum, $\Phi_r, \Phi_x = 0$:

$$\Phi_{rr} - \frac{\Phi_{tt}}{c^2} = 0$$

Dieses Resultat legitimiert das für die Ableitung von M benutzte c. Auf analoge Weise bestimmen sich die Ausbreitung von elektrischem Feld E und Magnetfeld B:

$$C \quad \mathrm{rot}E + B_t = 0$$
$$M \quad E_t - c^2 \mathrm{rot}\, B = 0$$
$$\rightarrow \quad \nabla^2 E - \frac{E_{tt}}{c^2} = 0$$

Liegt ein Strom vor ($\Phi_x > 0$), ist x durch $x' = \dfrac{x - \Phi_x t}{\sqrt{1 - \Phi_x^2/c^2}}$ zu ersetzen,

und die Wellengleichung nimmt die einfache Form oben an.

Der Faktor $1 - v^2/c^2$ (mit $\Phi_x \rightarrow v$), der die Feldkontraktion abbildet, bildet die Basis aller relativistischen Phänomene.

Lösung der Feldgleichung einer zentralsymmetrischen Dynamik: Für große Radien wird Φ als Überlagerung einer Strömung und einer Störung behandelt, $\Phi = \Phi^{Str\ddot{o}mung} + \Phi^{St\ddot{o}rung}$. Für große Radien/ kleine Geschwindigkeiten resultieren

$$\nabla^2 \Phi^{Str\ddot{o}mung} = 0$$

$$\nabla^2 \Phi^{St\ddot{o}rung} - \frac{\Phi^{St\ddot{o}rung}_{tt}}{c^2} = 0$$

Die erste repräsentiert einen inkompressiblen Zustrom zum Zentrum, die zweite eine dem Zustrom überlagerte Strahlung, mit den Lösungen

$$\Phi^{Str\ddot{o}mung} = \frac{\Phi_o^{Str\ddot{o}mung}}{r}$$

$$\Phi^{St\ddot{o}rung} = \frac{\Phi_o^{St\ddot{o}rung} e^{-i(kr - \omega t)}}{r}$$

Diese Approximationen genügen für die Bestimmung von Trägheit und Gravitation. Hingegen lässt sich der »Radius« von Masse daraus nicht ermitteln – dieser ist quantenmechanisch bestimmt und um 38 Größenordnungen größer als das, was die Rechnung für r bei $\Phi_r = c$ ergibt. Zustromgeschwindigkeit und -menge laufen mit $1/r^2$, die Amplitude der Strahlung mit $1/r$ und die Strahlungsmenge folglich mit $1/r^2$, wodurch die Kontinuität auf jedem Radius gewährt ist.

5. Zustrom exakt berechnet, Schwarzschildradius

Da der Zustrom stationär ist, entfallen in der allgemeinen Feldgleichung Ableitungen nach t; sphärische Feldgleichung:

$$\Phi_{rr}\left(1-\frac{\Phi_r^2}{c^2}\right)+\Phi_r\left(\frac{2}{r}\right)=0$$

Die geschlossene Lösung für Φ_r enthält *productLog*. Anschaulich ist die Relation zwischen $\Phi_r = v$ und r, die sich aus Integration über r ergibt:

$$vr^2 = cr_o^2\,e^{-\frac{1}{2}\left(1-\frac{v^2}{c^2}\right)}$$

Werden beide Seiten der Gleichung mit der Dichte multipliziert und der Kontinuitätsvorschrift unterzogen, geht daraus der Verlauf der Dichte hervor (mit $\rho_{r\to\infty}=\rho_\infty$):

$$\rho(r)=\rho_\infty e^{-v(r)^2/2c^2}$$

Der Radius, von dem der Zustrom als Strahlung zurückgeworfen wird, berechnet sich aus dem inkompressiblen kinetischen Potential (linearisiert wie in der RT): wenn auf jedem Radius die Potentiale gleich sind,

$$\frac{Gm}{r}=\frac{v^2}{2}$$

so ist, wenn der Zustrom c erreicht, $r = 2Gm/c^2$; was den Radius eines Schwarzen Lochs bestimmt (Schwarzschildradius).

Der kompressibel gerechnete Umkehrradius ist $r_{Umkehr}=r_{Schwarzschild}\cdot e^{1/4}$; dort ist $I = \ln\rho = 1/2 \to \rho(r_{Schwarzschild}) = e^{-1/2}\rho_\infty$.

Erst gegen r_{Umkehr} entfernt sich die kompressible Lösung von der inkompressiblen:

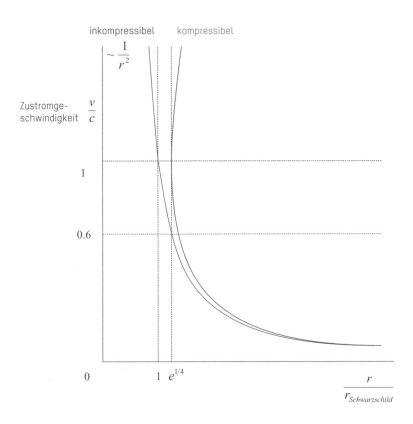

6. Trägheit

Trägheit beruht darauf, dass
- das Zustromfeld einer Masse in einem Gegenstrom Lorentz-kontrahiert wird,
- diese Kontraktion Widerstand leistet.

Damit steigt die Lorentz-Kontraktion aus dem Schatten der Relativitätstheorie zum quintessentiellen Element für die Erklärung von Trägheit heraus. Für Trägheit ist allein der Zustrom relevant: Strahlung setzt sich über alles Strömende relativ mit c hinweg.

Die Feldgleichung für das Zustromfeld einer Senke im Gegenstrom ist in Zylinderkoordinaten auszuschreiben, damit der eindimensionale axiale Gegenstrom auf einfache Weise in die Rechnung eingeht. Sie ist im Lehrbuch für Gasdynamik nachzuschlagen. Für isotherme, wirbelfreie Verhältnisse lautet sie:

$$\Phi_{xx}\left(1 - \frac{\Phi_x^2}{c^2}\right) + \Phi_{rr}\left(1 - \frac{\Phi_r^2}{c^2}\right) - \frac{2\Phi_x\,\Phi_r}{c^2}\,\Phi_{xr} + \frac{\Phi_r}{r} = 0$$

(Gegenstrom auf x- Achse, r radial dazu)

Mit $\Phi_r \ll c$ reduziert sich diese Feldgleichung auf:

$$\Phi_{xx}\left(1 - \frac{\Phi_x^2}{c^2}\right) + \frac{1}{r}\left(\Phi_r\,r\right)_r = 0$$

Dabei repräsentieren

- $\dfrac{\Phi_x^2}{c^2}$ die Verdichtung,

- $\dfrac{1}{r}\left(\Phi_r r\right)_r$ die Divergenz des inkompressiblen Falles.

Im nächsten Schritt ist dem Strömungsfeld der Senke der Gegenstrom zu überlagern. Das resultierende Gesamt-Potential Φ^* setzt sich zusammen aus dem des Gegenstroms vx und jenem der Senke $\Phi:\Phi^*=$ $vx + \Phi$. In die Feldgleichung eingesetzt, heißt dies:

$$\Phi_{xx}\left(1-\frac{1}{c^2}(v+\Phi_r)^2\right)+\frac{\Phi_r}{r}+\Phi_{rr}\left(1-\frac{\Phi_r^2}{c^2}\right)$$

$$-\frac{2\Phi_r}{c^2}(v+\Phi_r)\,\Phi_{rx}=0$$

Für $\Phi_r \ll v$ (schlanke Körper) resultiert für das Zustromfeld die nachstehende Feldgleichung:

$$\Phi_{xx}\left(1-\frac{v^2}{c^2}\right)+\frac{1}{r}(\Phi_r\,r)_r=0$$

Mit $x'=\dfrac{x-vt}{\sqrt{1-v^2/c^2}}$ wird die Gleichung zu

$$\Phi_{x'x'}+\frac{1}{r}(\Phi_r\,r)_r=0,\text{ mit der Lösung}$$

$$\Phi=\frac{\Phi_o}{\sqrt{x'^2+r^2}}\text{ , ausgeschrieben }\Phi=\frac{\Phi_o}{\sqrt{\dfrac{(x-vt)^2}{1-v^2/c^2}+r^2}}$$

Für einen auf der x-Achse ($r=0$) in einem konstanten Abstand $x''=$ $x-vt$ Mitfahrenden tritt die Lorentz-Kontraktion hervor:

$$\Phi_{r=0}=\frac{\Phi_o\sqrt{1-v^2/c^2}}{x''}$$

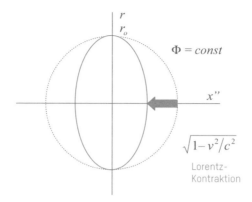

Ableitung der Trägheit aus der Feldenergie: $m \cdot dv/dt = F$ ist eine Definition (kein dem Experiment abgerungenes Gesetz), m ist darin definiert als Trägheit. Die analoge Definition von Energie ist $dE = Fdx$, was geschrieben werden kann als

$$\frac{dE}{dx} = F = \frac{dE}{dv}\frac{dv}{dt}\frac{dt}{dx}$$

dabei tritt $\dfrac{dE}{dv}\dfrac{dt}{dx} = \dfrac{dE}{dv}\dfrac{1}{v}$ an die Stelle von m als Widerstand gegen

Beschleunigung. Dieser lässt sich aus der Feldenergie E_{Feld} des Zustroms errechnen:

– wird geschrieben $E_{Feld} = \Phi \cdot s$, wobei s die Masse als Senke repräsentiert;

– so ist die Trägheit $\dfrac{d\Phi}{dv}\dfrac{s}{v}$;

– in Richtung und auf der x-Achse ist $\Phi = \dfrac{\Phi_o \sqrt{1-v^2/c^2}}{x"}$;

– mit der Ableitung $\dfrac{d\Phi}{dv} = \dfrac{\Phi_o v}{x"c^2 \sqrt{1-v^2/c^2}}$ wird

$$\textit{Trägheit} = \frac{dE}{dv}\frac{1}{v} = \frac{d\Phi}{dv}\frac{s}{v} = \frac{\Phi_o \cdot s}{x"c^2 \sqrt{1-v^2/c^2}}.$$

Ist $v = 0$ und steht x'' für den Umkehrradius (was immer dessen Wert ist), so entspricht dieser Term der ruhenden trägen Masse

$$\frac{\Phi_o \cdot s}{x''c^2} = m$$

und für $v > 0$ resultiert $Trägheit = \dfrac{m}{\sqrt{1-v^2/c^2}}$.

Da beim Umkehrradius $\dfrac{\Phi_o s}{x''}$ der gesamten Feldenergie entspricht, ist

für $v = 0$

$$\frac{E}{c^2} = m \rightarrow E_{Ruh} = mc^2$$

für $v > 0$

$$E_{Feld} = m_o c^2 \sqrt{1-v^2/c^2}$$

was zunächst erstaunt: Für die Gesamtenergie ist doch der reziproke Wurzelausdruck zu erwarten? Nun, zur Feldenergie des Zustroms ist der Ausdruck hinzuzuzählen, der abbildet, dass die ganze Dynamik mit v unterwegs und ihr somit das Potential von v^2 zuzuordnen ist:

$$E = E_{Feld} + mv^2$$

$$= m_o c^2 \sqrt{1-v^2/c^2} + \frac{m_o v^2}{\sqrt{1-v^2/c^2}}$$

$$E = \frac{m_o c^2}{\sqrt{1-v^2/c^2}}$$

Kinetische Energie ist der Saldo von mv^2 und der Abnahme der Feldenergie; zur Verdeutlichung des Vorgangs seien diese Terme linearisiert:

$$E_{kin} = m_o v^2 - \frac{m_o v^2}{2}$$

Komponenten der Gesamtenergie separat dargestellt:

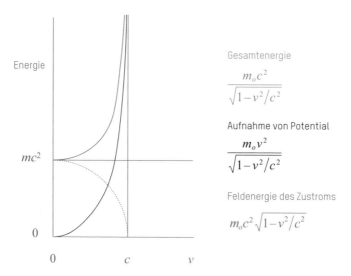

Gesamtenergie

$$\frac{m_o c^2}{\sqrt{1 - v^2/c^2}}$$

Aufnahme von Potential

$$\frac{m_o v^2}{\sqrt{1 - v^2/c^2}}$$

Feldenergie des Zustroms

$$m_o c^2 \sqrt{1 - v^2/c^2}$$

Damit ist keineswegs geklärt, was Masse ist, sondern nur die Dynamik ist klar, derentwegen Masse gegen Beschleunigung Widerstand
leistet; ebenso, warum dieser mit der Geschwindigkeit zunimmt. Die
deduktive Physik muss folglich mit demselben Maß für Masse vor-
liebnehmen wie induktive Physik: Ein *kg* Masse ist das, was so träge
ist wie ein Liter Wasser.

7. Strahlung

Das Strahlungsfeld von Massen ist die Basis aller Kräfte sowie aller quantenmechanischen Phänomene. Dessen Berechnungen gehen von der sphärischen Feldgleichung aus:

$$\Phi_{rr}\left(1-\frac{\Phi_r^2}{c^2}\right)+2\Phi_r\left(\frac{1}{r}-\frac{\Phi_{rt}}{c^2}\right)-\frac{\Phi_{tt}}{c^2}=0$$

Für große r ist $\Phi_r \ll c$, und es liegt eine sphärische Welle vor:

$$\Phi=\frac{\Phi_o e^{-i(kr+\omega t)}}{r}$$

Aus der Lösung der Feldgleichung für kleine Radien wäre nichts zu gewinnen: Die sphärische Welle $k_r \gg 1$ reicht für die Darstellung des Phänomens »Gravitation« vollkommen aus.

8. Gravitation

Die deduktive Physik erklärt Gravitation als Anziehungskraft zwischen Senke und Quelle, wie aus der Gasdynamik bekannt. Die anziehende Wirkung drückt die Gasdynamik mit folgender Formel aus:

$$F = -\frac{Quelle \cdot Senke}{4\pi r^2 \rho}$$

Intuitiv ist nachvollziehbar, dass sich Quellen abstoßen, hingegen wird bei zwei Senken intuitiv, aber unrichtig, das Gegenteil – Anziehung – erwartet. Die Stromlinien von zwei Senken sind jedoch identisch wie jene von zwei Quellen, nur die Stromrichtung verläuft umgekehrt – die Interferenz der Felder verursacht die Abstoßung.

Da Gravitation stets auf große Abstände wirkt (im Verhältnis zur Wellenlänge), kommt es auf die Feldkompression bei der Annäherung an den Umkehrradius nicht an. Wie in der RT kann das Potential $\sim \frac{1}{r}$ gesetzt werden, konkret $\frac{Gm}{r}$. Mit G liegt eine Konstante vor, die die Unkenntnis von Quellstärke s und Dichte ρ überspielt. Masse ist Senke und gleich starke Quelle – der Rest ist Analogie:

$$E = G\frac{m_1 \cdot m_2}{r} \quad \text{entspricht} \quad \frac{1}{4\pi\rho}\frac{Senke_1 \cdot Senke_2}{r}$$

Aus der Gleichung links resultiert auch die Dimension von G:

$$G = \left[\frac{m^2 kg \cdot m}{s^2 kg^2} = \frac{m^3}{kg \cdot s^2}\right]$$

Das Strahlungsfeld der Gravitation ist dem Zustrom überlagert; die Druckwellen folgen deshalb den Zustromlinien. Vom Ort, wo die Zustromgeschwindigkeit c erreicht, geht die Strahlung aus:

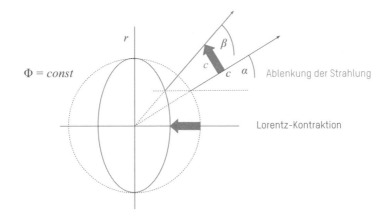

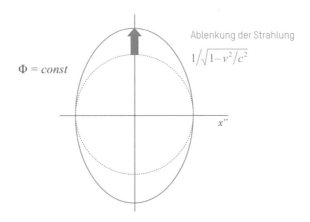

Die Zunahme der Strahlung vertikal zur x-Achse durch Ablenkung ist durch $tg\beta = tg\alpha\big/\sqrt{1-v^2/c^2}$ bloß mitbestimmt; doch bei $\alpha = \pi/2$ ist dieses Verhältnis genau die Zunahme. Auf der x-Achse ist die Ablenkung gleich null; das Strahlungsfeld hat deshalb dieselbe Form wie das Zustromfeld:

$$\Phi = \frac{\Phi_o}{\sqrt{(x-vt)^2 + r^2\left(1-v^2/c^2\right)}}$$

Modifikation von Kräften durch Relativbewegung: Die Kraft in radialer Richtung entspricht der Ableitung des Potentials nach r. Ein mit v Mitfahrender sieht:

$$F_{radial} = \frac{d\Phi}{dr} = \frac{-\Phi_o}{r^2\sqrt{1-v^2/c^2}} = \frac{F_{ungestört}}{\sqrt{1-v^2/c^2}}$$

Die Kraft in *axialer* Richtung wird wegen der Gegenströmung v vermindert um den Faktor $1-v^2/c^2$:

$$F_{axial} = F_{ungestört}\,(1-v^2/c^2)$$

Kräfte nehmen demnach mit v radial zu und axial ab – wie vom elektrischen Feld bekannt, und mit der identischen Ursache, nämlich der Ablenkung durch den Träger der Strahlung, dem Zustromfeld:

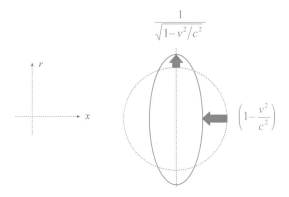

Modifikation der Bewegungsgleichung: Damit kann der Impulssatz hergeleitet werden (was die induktive Physik nicht vermag, sondern sie geht in der Relativitätstheorie vom Impulssatz aus). Dazu sind beide Modifikationen einzusetzen: In Richtung von v nehmen

- Kräfte ab mit $\left(1-\dfrac{v^2}{c^2}\right)$

- Trägheit zu mit $\dfrac{1}{\sqrt{1-v^2/c^2}}$

und damit schreibt sich das, was in Ruhe $F = m \cdot dv/dt$ ist:

$$F_o \left(1 - \frac{v^2}{c^2}\right) = \frac{dv}{dt} \frac{m_o}{\sqrt{1 - v^2/c^2}}$$

$$\frac{dv}{dt} \frac{m_o}{\left(1 - v^2/c^2\right)^{3/2}} = F_o$$

umgeformt:

$$\frac{d(mv)}{dt} = F_o$$

Newtons Intuition wird so im Nachhinein begründet. Die Relativitätstheorie *ist* im Kern der Impulssatz, alles darüber hinaus sind Verästelungen und Auslegungen. Was die Herleitung von Einsteins Jahrhundertformel aus dem nackten Impulssatz belegt:

$$E = \int F_o \, dx = \int \frac{dx}{dt} \frac{m_o dv}{\left(1 - v^2/c^2\right)^{3/2}} = \frac{m_o c^2}{\sqrt{1 - v^2/c^2}}$$

mit dem Grenzfall $E_{Ruh} = mc^2$.

9. Allgemeine Relativität

Äquivalenz

Einstein postulierte aus ästhetischen Beweggründen, Gesetze sollten unabhängig von Bewegungszuständen des Bezugssystems sein, was er Äquivalenz-Prinzip nannte. Die gleichen Gesetze ergeben sich in der deduktiven Physik zwingend aus der Dynamik des Kontinuums: eine Masse m im Abstand r von einer Masse M wird vom Zustrom zu M umströmt wie durch einen Gegenstrom mit Geschwindigkeit v, und entsprechend ist für die Lorentz-Kontraktion zu substituieren:

$$\frac{v^2}{2} \rightarrow \frac{GM}{r}, \text{ womit } m = \frac{m_o}{\sqrt{1 - 2GM/rc^2}} \text{ wird.}$$

Der Lorentz-Kontraktion ist nicht anzumerken, wovon sie herrührt: von Relativgeschwindigkeit oder einem Kraftfeld.

Das Licht, das von der Oberfläche im Abstand r vom Zentrum einer Masse M ausgesendet wird, hat wegen des Zustroms, den es überwinden muss, eine niedrigere Frequenz ω' als die Originalfrequenz ω, wenn es beim Beobachter ankommt: $\omega' = \omega \cdot$ *Lorentz-Kontraktion.* Der entsprechende Quotient ist

$$\frac{\omega' - \omega}{\omega'} = 1 - \frac{1}{\sqrt{1 - 2GM/rc^2}} \cong -\frac{GM}{rc^2}$$

im Fall einer Lichtquelle auf der Oberfläche der Sonne: $2 \cdot 10^{-6}$, die gemessene Rotverschiebung.

Radialgleichung der Relativitätstheorie (RT)

Die Voraussagen der sogenannten Radialgleichung der Allgemeinen RT, die für die Berechnung von Peripheldrehung und Lichtablenkung benutzt wird, verhalfen der RT bei der Sonnenfinsternis von 1919 zum Durchbruch. Sie ist nichts anderes als die um die Lorentz-Kontraktionen modifizierte Formel $E_{kin} + E_{pot} = const$, was deutlich wird, wenn sie linearisiert wird (zur Vereinfachung ohne Drehimpuls). In der Notation der RT, mit r = Abstand vom Rotationszentrum, $A^{-1} = B = 1 - 2GM/rc^2$ lautet sie:

$$\frac{A}{B^2}\dot{r}^2 - \frac{c^2}{B} = -\,const$$

Mit der Approximation $A^{-1} = B = 1$ für den Term mit $\dot{r}^2$ sowie $B^{-1} \approx 1 + 2GM/rc^2$ für den Term mit c^2 (wegen dessen Größe) und schließlich $const = c^2$ tritt Newton nicht-relativistisch hervor:

$$\dot{r}^2 - c^2\left(1 + \frac{2GM}{rc^2}\right) = -\,const$$

$$\frac{\dot{r}^2}{2} - \frac{GM}{r} = 0$$

Nun kann sie von da ausgehend durch die Lorentz bedingten Modifikationen von Kraft und Trägheit wieder aufgebaut werden:

$$-E_{kin} \quad \longrightarrow \quad \frac{r^2}{2}\frac{1}{\sqrt{1-\dot{r}^2/c^2}}\frac{1}{\sqrt{1-2GM/c^2}}$$

$$-E_{pot} \quad \longrightarrow \quad -\frac{GM}{r}\left(1-\dot{r}^2/c^2\right)\left(1-2GM/c^2\right)$$

Für $\dot{r} \ll c$ sowie ohne weitere Kräfte, was im Universum zutrifft, können die Potentiale gleichgesetzt werden $\dot{r}^2/2 = GM/r$, und die Modifikationen der Potentiale schreiben sich so:

$$-E_{pot} \quad \longrightarrow \quad -\frac{GM}{r}B^2$$

$$-E_{kin} \quad \longrightarrow \quad \frac{\dot{r}^2}{2}A$$

Wird dies in die nicht-relativistische Ausgangsgleichung eingesetzt, diese durch B^2 geteilt, und beidseitig mit $-c^2$ ergänzt, liegt wieder die Radialgleichung vor:

$$\frac{\dot{r}^2}{2}A - \frac{GM}{r}B^2 = 0$$

$$\dot{r}^2\frac{A}{B^2} - \frac{2GM}{r} - c^2 = -c^2$$

$$\dot{r}^2\frac{A}{B^2} - \frac{c^2}{B} = -c^2$$

Sie leitet sich also aus der Linearisierung des Impulssatzes ab (wegen dieser Linearisierung gilt die Robertson-Walker-Metrik nur für schwache Felder).

Lorentz-Invarianz

Dass Naturgesetze unabhängig von Bewegungszuständen sein sollten, kann aus gewissen Perspektiven erfüllt werden – aber letztlich ist die Idee nicht haltbar, wie gerade die RT selbst belegt:

- in Ruhe sind träge und schwere Masse zwar »gleich« (was »gleich« heißt, siehe unten);
- bei einer Geschwindigkeit v nimmt die Trägheit in Richtung von v jedoch um $(1-v^2/c^2)^{-1/2}$ zu;
- hingegen nehmen Gravitations- wie Coulomb-Kraft in derselben Richtung um $(1-v^2/c^2)$ ab;
- woraus folgt, dass es keinerlei Transformation geben kann, die beide Veränderungen zugleich neutralisiert.

Einstein: »Die Gleichheit der [...] schweren Masse und der trägen Masse ist eine höchst genau konstatierte Erfahrungstatsache (Eötvös'scher Versuch), für die die klassische Mechanik keine Erklärung« habe. Die Wissenschaft werde ihr erst gerecht, »wenn sie jene numerische Gleichheit [sic!] auf eine Gleichheit des Wesens reduziert hat«.

Was meint er mit »gleich«? Die numerische Gleichheit ist hineinkon-struiert über G:

- was den Widerstand gegen Beschleunigung von m leistet (in Ruhe $m \cdot dv/dt$),
- das hat zugleich ein, im Experiment ermitteltes, Anziehungs-potential im Abstand r von $m \cdot G/r$.

Das Wesen der beiden ist gänzlich verschieden; zwingend gleich sind die in Zustrom und Strahlung umgesetzten Mengen an Kontinuum.

10. Kosmologie

Die Expansion des Universums wird angetrieben
- in *der deduktiven Physik* durch den Druck des komprimierten Kontinuums (Massen, die nach der »Urkompression« darin entstehen, »schwimmen« im Kontinuum mit);
- im *Standardmodell der Kosmologie* durch die Energie der komprimierten Materie, deren Dichte und Temperatur gegen unendlich gehen.

Deshalb gibt es unterschiedliche Ergebnisse zur RT, wenn auch formal ähnliche: In der deduktiven Physik

a. bezieht sich die Hubble-Konstante auf die Flucht des Kontinuums – nicht auf die Flucht der Massen;

b. kann es das Einstein-de Sitter-Universum (Standardmodell) wegen der Nicht-Überschreitbarkeit der Lichtgeschwindigkeit nicht geben;

c. stellt sich die kosmologische Rotverschiebung wohl ähnlich dar wie im Standardmodell, jedoch aus andern Gründen;

d. braucht es keine »Dunkle Materie«;

e. erweist sich die gegenwärtig revitalisierte »kosmologische Konstante« als untauglich für die Erklärung der beschleunigten Expansion des Universums;

f. braucht es keine »Dunkle Energie«;

g. ändern sich die Werte von G, $\hbar$ und Trägheit mit der Expansion;

h. gibt es mehr Freiheitsgrade für die Entwicklung des Universums als in der RT.

Dies wird im Folgenden begründet:

a. Hubble-Konstante
Wie beim Zustrom zu einem Schwarzen Loch zu ersehen, ist die Dichteverteilung nach wenigen Schwarzschildradien annähernd konstant. Analog ist sie praktisch vom Urknall bis zum Ereignishori-

zont konstant. Dies bedeutet für Kontinuitäts- und Euler-Gleichung $\partial\rho/\partial r = 0$ (»flaches Universum« – zwingend) womit sich diese reduzieren auf:

$$C \quad \frac{\partial \dot{r}}{\partial r} + \frac{2\dot{r}}{r} + \frac{1}{\rho}\frac{\partial \rho}{\partial t} = 0$$

$$M \quad \frac{\partial \dot{r}}{\partial t} + \dot{r}\frac{\partial \dot{r}}{\partial r} = 0$$

Aus C folgt $\rho \sim t^{-3}$; aus M folgt $\frac{d\dot{r}}{dt} = 0$, was bedeutet: keine Radialbeschleunigung. Der Ereignishorizont entfernt sich stets mit c, und jeder Punkt dazwischen proportional mit $\dot{r} = \frac{r}{r_{Horizont}} c$.

Damit ist für jeden Radius $r = r(t_o) + \dot{r}t$, woraus die Hubble-Konstante resultiert:

$$H = \frac{\dot{r}}{r} = \frac{1}{r(t_o)/\dot{r} + t} \approx \frac{1}{t}$$

Die Formel entspricht jener der RT, der Unterschied liegt darin, dass sich $\dot{r}$ in der deduktiven Physik auf das Kontinuum bezieht, in der RT hingegen auf die Massen.

b. Einstein-de Sitter-Universum

Die RT geht bei der Herleitung der Welt-Modelle von ihrer Feldgleichung aus. Diese wird durch die Robertson-Walker-Metrik linearisiert (Friedmann-Modelle). Ein spezielles davon heißt Einstein-de Sitter-Universum, dient der Kosmologie als Standardmodell und führt für $t \to 0$ zu unhaltbaren Singularitäten.

Um dies zu beweisen, integriert die deduktive Physik den Impulssatz:

$$F\left(1 - \frac{v^2}{c^2}\right) = \frac{dv}{dt}\frac{m}{\sqrt{1 - v^2/c^2}}$$

Rührt die Kraft F von der Gravitation der Masse M her, die das Universum mit dem Radius R enthält, ergeben sich:

$$\frac{GMm}{R} = mc^2\left(\frac{1}{\sqrt{1-\dot{R}^2/c^2}} - 1\right)$$

Zur Vergleichbarkeit mit Friedmann-Modellen umgeschrieben sowie mit $R_S = 2GM/c^2$ substituiert, resultiert:

$$\frac{\dot{R}^2}{2} - \frac{GM}{R} \cdot \frac{1 + R_s/4R}{\left(1 + R_s/2R\right)^2} = 0$$

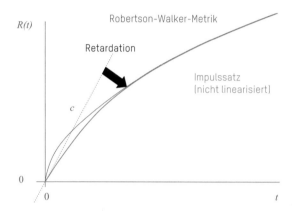

Für große R verschwindet der Faktor, der GM/R begleitet, und es liegt das Einstein-de Sitter-Universum (Friedmann-Modell mit k, $\Lambda = 0$) vor:

$$\frac{\dot{R}^2}{2} - \frac{GM}{R} = 0$$

Für $R = 0$

– geht im Einstein-de Sitter-Universum $\dot{R} \to \infty$ und das Gesamtpotential ist unendlich minus unendlich;

– ist in der deduktiven Physik $\dot{R} = c$ und das Potential jederzeit

$$\frac{c^2}{\sqrt{1-\dot{R}^2/c^2}} - \frac{GM}{R} = c^2;$$

weshalb die deduktive Physik eine »Inflation« nicht benötigt: Mit $\dot{R} = c$ und $R = 0$ ist Schluss, alle materiellen Strukturen verschwinden, und das Modell muss das Feld der Elementarteilchen-Physik überlassen.

c. Kosmologische Rotverschiebung

Folgende drei Ursachen der Rotverschiebung sind einander überlagert:

(a) Die erste beruht auf der Fluchtgeschwindigkeit $\dot{R}$ und ist linear, weil der Zustrom zu den Licht aussendenden Massen nicht kontrahiert wird (Massen ruhen zunächst im flüchtenden Kontinuum):

$$z_{Flucht} = \frac{\omega_{Flucht}}{\omega} - 1 = \frac{c - \dot{R}}{c} - 1 = \frac{\dot{R}}{c}$$

(b) Massen auf einer Sphäre mit R werden durch die Gravitation der darin eingeschlossenen Massen M in ihrer Expansion retardiert, woraus eine Lorentz-Kontraktion und daraus eine Gravitations-Rotverschiebung z_{kin} resultieren:

$$z_{grav} = \frac{\omega_{grav}}{\omega} - 1 = \frac{1}{\sqrt{1 - 2GM/Rc^2}} - 1 \cong \frac{GM}{Rc^2}$$

(c) Diese Gravitationsarbeit vermindert $\dot{R}$. Dabei ist

$$\frac{\Delta\dot{R}^2}{2} = \frac{GM}{R}, \text{ woraus } z_{kin} = -\frac{\Delta\dot{R}}{c} = -\sqrt{\frac{2GM}{Rc^2}}$$

Insgesamt ist die Rotverschiebung

$$z_{gesamt} = z_{Flucht} + z_{grav} + z_{kin}$$

$$z_{gesamt} = \frac{\dot{R}}{c} + \frac{GM}{Rc^2} - \sqrt{\frac{2GM}{Rc^2}}$$

Die Formel der RT (mit D, »physikalische Distanz«, H, Hubble-Konstante)

$$z = \frac{HD}{c} + \frac{\left(1 - \ddot{R}R/\dot{R}^2\right)}{2c^2} H^2 D^2$$

vergleichbar gemacht durch $R = D$, $\dfrac{HD}{c} = \dfrac{\dot{R}}{c}$, $\dfrac{\dot{R}^2}{2} = \dfrac{GM}{R}$

sowie $\ddot{R} = -\dfrac{GM}{R^2}$ führt zu $z = \dfrac{\dot{R}}{c} + \dfrac{3}{4}\dfrac{GM}{Rc^2}$.

Die Differenz zwischen der deduktiven Physik und der RT liegt darin, dass

– in der RT $\dot{R}$ für die Fluchtgeschwindigkeit und R für den Ort der Massen stehen,

– während in der deduktiven Physik $\dot{R} - \sqrt{\dfrac{2GM}{R}}$ die Fluchtge-

schwindigkeit der Massen ist und R für das Kontinuum steht.

d. Dunkle Materie

Die Massen von Galaxien reichen nicht aus, um ihre Dynamik zu erklären – es bräuchte fünf- bis sechsmal mehr davon; induktive Physik behilft sich mit »Dunkler Materie«. Mit dem Begriff »Materie« wird impliziert: *Anziehung = G · Materie.*

In der deduktiven Physik leistet das Schwarze Loch die gesuchte Anziehung, jedoch nicht durch Gravitation, sondern durch Zustrom: Die Massen, die in den Sog eines Schwarzen Lochs gelangen, »schwimmen« mit. Eine entsprechende Kraft kann nur negativ formuliert werden: als das, was nötig wäre, um die Massen zurückzuhalten.

e. Kosmologische Konstante

Die Kosmologie denkt zur Erklärung der gemessenen, beschleunigten Rotverschiebung wieder an Einsteins Kosmologische Konstante. Um zu erkennen, was die RT damit meint, setzt die deduktive Physik in den Friedmann-Modellen

$$\dot{R}^2 + kc^2 = \frac{GM}{R} + \frac{\Lambda c^2}{3} R^2$$

die Massen-Dichte auf null, ebenso k (für Einstein–de Sitter), was zu folgendem Widerspruch führt:

$$\frac{\dot{R}^2}{R^2} = \frac{\Lambda c^2}{3} \approx \frac{1}{t^2} \neq const$$

und bedeutet, dass die Kosmologische Konstante für die Erklärung der beschleunigten Expansion nicht geeignet ist.

f. Dunkle Energie

Die deduktive Physik findet für die unerklärte Beschleunigung der Expansion des Universums einen anderen Grund als »Dunkle Energie«: Die 10^{10} Schwarzen Löcher unseres Universums bilden quasi ein kosmologisches Gas, dessen Konstituenten einander abstoßen wie Senken. Sie wirken auf das Universum als Ganzes gerade umgekehrt zum Wirken innerhalb der Galaxie.

Diese »Dunkle Energie«, E_{dark}, lässt sich als die Arbeit der Schwarzen Löcher aneinander errechnen. Da die Dunkle Materie, M_{dark}, von der induktiven Physik als die Materie behandelt wird, die die sonst unerklärte Anziehung in den Galaxien leistet, kann deren auseinandertreibende Kraft als die Umkehrung dieser Anziehung berechnet werden:

$$dE_{dark} = \frac{GM_{dark}\, dM_{dark}}{R}$$

$$M_{dark} = \frac{4\pi\rho_{dark}\, R^3}{3}\; ;\; dM_{dark} = 4\pi\rho_{dark}\, R^2 dR$$

$$dE_{dark} = \frac{G\left(4\pi\rho_{dark}\right)^2 R^4 dR}{3}$$

$$E_{dark} = \frac{GM_{dark}^2}{R_{horizon}} \frac{3}{5}$$

Die äquivalente Masse m_{aequiv} ist, mit heutigen Schätzungen von $M_{dark} = 23\%$, $M = 4\%$, $Gesamtenergie = 100\%$,

$$m_{aequiv} = \frac{E_{dark}}{c^2}, \text{ umgeschrieben} = \frac{2GM}{c^2 R_{horizon}} \frac{3}{2 \cdot 5} \frac{M_{dark}^2}{M}$$

$$= \frac{R_{Schwarzschild}}{R_{horizon}} \frac{3}{10} \frac{23^2}{4} \%$$

Der Schwarzschildradius verhält sich zum realen Radius $R_{horizon}$ wie die kritische zur realen Materiedichte des Universums. Letztere wird im Mittelwert auf die halbe kritische Dichte geschätzt ($R_{horizon} \approx R_{Schwarzschild}/2$), womit

$$m_{aequiv} = 2 \cdot \frac{3}{10} \cdot \frac{23^2}{4} \% = 79\% \text{ resultiert,}$$

was ungefähr der Schätzung der Kosmologie von 73% entspricht.

Die Schwarzen Löcher beschleunigen die Expansion – jedoch nicht jene des Kontinuums, sondern der Galaxien – und überkompensieren damit die Retardation durch Gravitation. Eine Fusion von Schwarzen Löchern ist in der deduktiven Physik wegen deren gegenseitigen Abstoßung unmöglich.

g. Konstanz der Konstanten
Konstant in der deduktiven Physik bleibt nur die Modell-Annahme eines Kontinuums mit Potential c^2. Hingegen sind Gravitationskonstante G und Wirkungsquantum h nicht Modell-Annahmen, sondern Messergebnisse und variieren mit dem Ereignishorizont, ebenso variieren Elementarmassen in ihrer Trägheit und Anziehungskraft:

Wirkungsquantum	mit der freien Weglänge korreliert	↑
Gravitationskonstante	mit der Dichte des Kontinuums im Nenner	↑
Trägheit	wegen abnehmender Zustromstärke	↓
Gravitation	proportional Zustrom	↓

h. Kosmologische Freiheitsgrade

Die Dynamik des Universums bietet genügend Freiheitsgrade an, um rätselhafte Modelle zu vermeiden: Beispielsweise

- wird die Expansion des Universums konkurrenziert durch die Schwarzen Löcher in jeder Galaxie, die Materie und Kontinuum absorbieren (bei beiden wird der Ereignishorizont durch die Lichtgeschwindigkeit begrenzt);
- ist eine gegenläufige Dynamik von Kontinuum und Massen möglich.

II – Quantenmechanik

In der deduktiven Physik geht das, was in der induktiven Physik Gegenstand der Quantenmechanik ist, zwingend aus der Massen-Dynamik hervor:

- am Ursprung steht die Strahlung der Massen-Dynamik;
- Strahlungen werden bei Relativgeschwindigkeiten und in Kraftfeldern modifiziert und treten mit Originalstrahlungen in Interferenz (in kräftefreier Ruhe treten keine quantenmechanischen Phänomene auf);
- die Frequenzen der Interferenzwelle treten mit mechanischen Bewegungen in Resonanz und ergeben Eigenwerte;
- bei Interferenz und Resonanz wird Feldenergie reduziert, die in gewissen Geometrien in Nullpunktsbewegung umschlägt.

Während die induktive Physik Wahrscheinlichkeitsrechnungen als eigentliche Naturgesetze setzt, für die sie keine Ursachen angeben kann, leitet die deduktive Physik sämtliche Phänomene und Gesetze aus drei unter den Erscheinungen liegenden Ursachen ab:

Die Behandlung der quantenmechanischen Welle als Interferenzwelle, deren Umhüllende mit $v/2$ läuft, wenn das umhüllte Wellenpaket eine Geschwindigkeit v hat,

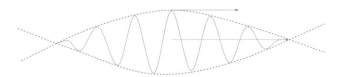

Wellen-Paket mit v (repräsentiert den Ort des Teilchens)

begründet:
1. die Hermitezität der quantenmechanischen Welle,
2. die de–Broglie–Einstein–Relationen,
3. die Ruhfrequenz einer Masse (Dirac),
4. Streumatrizen,
5. die Heisenberg'sche Unschärferelation.

Die Resonanz von mechanischer und quantenmechanischer Frequenz begründet:
6. das Wirkungsquantum,
7. das Verhalten des Wasserstoffatoms,
8. das Verhalten des Harmonischen Oszillators,
9. die Schrödinger-Gleichung.

Die Annihilation von Feldenergie begründet:
10. die Nullpunktsbewegung: Umwandlung in kinetische Energie von Strahlungsenergie, die durch Interferenz gelöscht wird.

1. Hermitezität der quantenmechanischen Welle

Die Wellenfunktion ψ muss hermitesch sein, damit die Rechnungen der QM richtig herauskommen, was die induktive Physik nicht weiter begründen kann. Die deduktive Physik begründet dies wie folgt:

Die Wellengleichungen für Geschwindigkeit v und Dichte ρ erfüllen beliebige Wellen $e^{i(kx-\omega t)}$. Beide Wellen müssen jedoch zugleich die Kontinuitätsgleichung C und die Euler-Gleichung M real erfüllen, wozu sie synchron, etwa v, $I \sim \cos$, und die absoluten Amplituden $v_o = cI_o$ sein müssen. Synchrone Lösungen erfüllen die Bedingung der Konstanz des Potentials $v^2 + c^2I^2 = const$ nicht, und wenn $v \sim \cos$ ist, so muss $I \sim \sin$ sein, was Phasenverschiebung voraussetzt.

Alle Bedingungen werden nur durch hermitesche Funktionen erfüllt: Wird für eine Interferenzwelle, die beispielsweise aus der Überlagerung von $v_o e^{i(kx-\omega t)} + v_o e^{i(kx+\omega t)}$ entsteht, in C oder M eingesetzt, springt für I eine Funktion heraus:

$$v = v_o \cos \omega t \cdot (\cos kx + i \sin kx)$$
$$I = I_o \sin \omega t \cdot (\sin kx - i \cos kx)$$

die neben den beiden Wellengleichungen auch der Konstanz des Potentials genügt (mit $v_o = cI_o$; $\omega = kc$; $v^2 \rightarrow vv^*$; $I^2 \rightarrow II^*$):

$$vv^* = c^2 II^* = v_o^2 \cos^2 \omega t + c^2 I_o^2 \sin^2 \omega t = v_o^2 = const$$

v und I sind unterschiedliche Äußerungen einer einzigen Dynamik, die durch zwei Variablen zu beschreiben ist. Der imaginäre Teil der einen Variablen repräsentiert die, formal unterdrückte, andere Variable.

2. de-Broglie-Einstein-Relationen

Am Ursprung der de-Broglie-Einstein-Relationen stehen Veränderungen an Frequenzen und Wellenlängen von Strahlungen der Massen-Dynamik durch Lorentz-Kontraktionen:

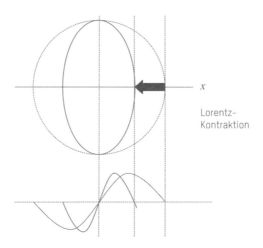

Lorentz-
Kontraktion

Lorentz-Kontraktionen werden durch Relativgeschwindigkeiten und Potentialfelder hervorgerufen:

Die einer Masse m, die sich mit v relativ zu einem Beobachter bewegt, zuzuordnenden x'- und t'-Koordinaten verändern sich mit v gegenüber x und t des Beobachters:

$$x' = \frac{x - vt}{\sqrt{1 - v^2/c^2}} \text{ sowie } t' = \frac{t - vx/c^2}{\sqrt{1 - v^2/c^2}}$$

Da der Gegenstand Strahlung ist, ist $x = ct$:

$$x' = x \frac{1 - v/c}{\sqrt{1 - v^2/c^2}} \text{ sowie } t' = t \frac{1 - v/c}{\sqrt{1 - v^2/c^2}}$$

Entsprechend verändern sich Frequenz ω und Wellenzahl k. Mit $\omega t' = \omega' t$ sowie $kx' = k'x$ werden:

$$\omega' = \omega \, \frac{1 - v/c}{\sqrt{1 - v^2/c^2}} \quad \text{sowie} \quad k' = k \, \frac{1 - v/c}{\sqrt{1 - v^2/c^2}}$$

Das Gravitationsfeld ruft analoge Modifikationen an Frequenz und Wellenzahl hervor: Statt eines Gegenstroms mit v wirkt der Zustrom zu einer Masse m, und der kinetische Term in der Lorentz-Kontraktion ist durch das Gravitationspotential: $v^2/2 \to Gm/r$ zu ersetzen:

$$\omega' = \omega \, \frac{1}{\sqrt{1 - 2Gm/rc^2}} \quad \text{sowie} \quad k' = k \, \frac{1}{\sqrt{1 - 2Gm/rc^2}}$$

Daraus ergibt sich an der Oberfläche eines Sterns mit Masse m und Radius r dessen Gravitations-Rotverschiebung:

$$z_{grav} = \frac{\omega' - \omega}{\omega} = \frac{1}{\sqrt{1 - 2Gm/rc^2}} - 1 \approx \frac{Gm}{rc^2}$$

Im Coulomb-Potential eines Elektrons ergibt sich eine Rotverschiebung, die der Feinstrukturkonstante α entspricht:

$$\omega' = \omega \, \frac{1}{\sqrt{1 - 2e^2/mc^2 r}}$$

$$z_{Coulomb} = \frac{\omega' - \omega}{\omega} \approx \frac{e^2}{mc^2 r}$$

$$\text{bei } r = \lambdabar_e : \; z_{Coulomb} \approx \frac{e^2 \cdot mc}{mc^2 \cdot \hbar} = \alpha$$

Allein aus der Behandlung der quantenmechanischen Welle als Interferenzwelle leiten sich die de-Broglie-Einstein-Relationen ab:

- generell für Interferenzwellen gelten: $\dfrac{\omega}{k} = \dfrac{v}{2}$ sowie $\dfrac{\partial \omega}{\partial k} = v$;

- daraus $\dfrac{\partial \omega}{\partial k} = \dfrac{2\omega}{k} \rightarrow \omega = k^2 const \rightarrow k \sim v; \ \omega \sim \dfrac{v^2}{2}$;

- mit $const = \dfrac{m}{\hbar}$ aus dem Experiment ergeben sich

$$\omega = \frac{mv^2}{2\hbar} \text{ sowie } k = \frac{mv}{\hbar}.$$

Diese stellen sich als Linearisierungen der Ableitung heraus, die nun folgt und die die deduktive Physik für Elementarteilchen benötigt. Dafür braucht es die oben bestimmten Modifikationen von Frequenz und Wellenzahl: Wenn eine Strahlung der Frequenz ω am Ort der Emission mit ω' beim Beobachter eintritt, und die emittierte mit der reflektierten Welle interferiert,

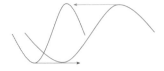

unterliegt die Amplitude der Interferenzwelle der trigonometrischen Relation:

$$\sin \omega + \sin \omega' = 2 \sin \frac{\omega' + \omega}{2} \cdot \cos \frac{\omega' - \omega}{2}$$

Für Wechselwirkungen relevant ist nur der umhüllende Kosinus. Dessen Frequenz ω und Wellenzahl k errechnen sich aus den unbekannten Größen am Ort der Emission ω_u und k_u:

$$\omega = \frac{\omega_u}{2}\left(\frac{1+v/c}{\sqrt{1-v^2/c^2}}-1\right)$$

$$k = \frac{k_u}{2}\left(\frac{1+v/c}{\sqrt{1-v^2/c^2}}+1\right)$$

Das Pluszeichen für k kommt aus der Umkehrung der Phasenge-schwindigkeit bei Reflexion. Die Phasengeschwindigkeit ω/k ist, mit $\omega_u/k_u = c$:

$$\frac{\omega}{k} = \frac{c^2}{v}\left(1-\sqrt{1-v^2/c^2}\right)$$

Für die Bestimmung von ω, k allein braucht es eine weitere Bedingung, nämlich die Gruppengeschwindigkeit $\partial\omega/\partial k = v$. Nach Einsetzen und Umformen resultiert die Formel:

$$\frac{dk}{k} = \frac{dv}{v}\frac{1}{1-v^2/c^2}$$

daraus durch Integration:

$$k = \frac{v}{\sqrt{1-v^2/c^2}}\ const$$

Die Konstante kommt aus dem Experiment und ist $\frac{m}{\hbar}$. Damit sind nach Einsetzen in ω/k:

$$\omega = \frac{mc^2}{\hbar}\left(\frac{1}{\sqrt{1-v^2/c^2}}-1\right)\text{ sowie } k = \frac{mv}{\hbar}\frac{1}{\sqrt{1-v^2/c^2}}$$

Zu den gebräuchlichen de-Broglie-Einstein-Relationen führen Linearisierung von Brüchen und Wurzelausdrücken sowie Vernachlässigung dritter Potenzen von v, woraus

$$\omega = \frac{mv^2}{2\hbar}\text{ sowie } k = \frac{mv}{\hbar}\text{ hervorgehen.}$$

Da das Teilchen das Wellenpaket hervorbringt, ist die Geschwindigkeit des Teilchens identisch mit der Geschwindigkeit des Wellenpakets, und die Natur der Interferenzwelle wird auch in diesen Linearisierungen bestätigt:

$$v_{Umhüllende} = \frac{\omega}{k} = \frac{mv^2}{2\hbar} \frac{\hbar}{mv} = \frac{v}{2}$$

$$v_{Wellenpaket} = \frac{\partial \omega}{\partial k} = \frac{\partial \omega}{\partial v} \frac{\partial v}{\partial k} = \frac{mv}{\hbar} \frac{\hbar}{m} = v$$

3. Ruhfrequenz

Wird ω als $\frac{1}{2}(\omega_{Ruh}' - \omega_{Ruh})$ gedeutet, ergibt sich eine Ruhfrequenz

$$\omega = \frac{mv^2}{2\hbar} = \frac{\omega_{Ruh}}{2}\left(\frac{1}{\sqrt{1-v^2/c^2}} - 1\right)$$

$$\omega_{Ruh} = \frac{2mc^2}{\hbar}$$

Da die Strahlung einer Masse die Phasengeschwindigkeit c hat, ist

$$k_{Ruh} = \frac{\omega_{Ruh}}{c} = \frac{2mc}{\hbar}$$

woraus sich ein Drehimpuls $\omega_{Ruh}\,\lambdabar^2_{Ruh}\,m = \hbar/2$ ableitet, der mit dem Spin von Fermionen übereinstimmt.

4. Streumatrizen

Resonanzen bestimmen Streuvorgänge. Die Streuung der Welle einer Masse m mit Geschwindigkeit v an einem Kastenpotential U bedeutet in der deduktiven Physik: Auflaufen der Welle auf eine lokale Strömung mit einer virtuellen Geschwindigkeit $v_{virt} = \sqrt{2U/m}$ in Richtung von v. Durch diese wird die Relativgeschwindigkeit der Masse verringert und die Wellenlänge reziprok zur Relativgeschwindigkeit vergrößert.

In der Skizze kommt die Masse von links mit $v \to \lambda = \hbar/mv$. Deren Welle wird am Kasten teilweise reflektiert, der Rest tritt rechts hinaus. Im Kasten verlängert sich λ reziprok zu $\sqrt{1 - 2U/mv^2}$ und hat danach wieder die ursprüngliche Länge. Ohne Darstellung des Imaginärteils, ungestört einlaufende Welle dünn ausgezogen:

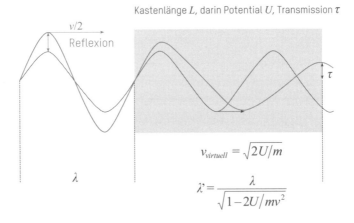

Kastenlänge L, darin Potential U, Transmission τ

$$v_{virtuell} = \sqrt{2U/m}$$

$$\lambda' = \frac{\lambda}{\sqrt{1 - 2U/mv^2}}$$

Die Amplituden und deren Steigungen der Welle sind bei Eintritt in wie Austritt aus dem Kasten stetig, was zu vier Gleichungen sowie der Lösung für den Koeffizienten der Reflexion R führt (für $E > U$, Formel aus dem Lehrbuch der QM, umgeschrieben):

$$R = \frac{1}{1+\zeta^2} \qquad \text{mit } \zeta = \frac{v\hbar}{U\lambdabar \cdot \sin L/\lambdabar}$$

R ist null bei $L = \lambdabar\, n\pi = n\dfrac{\lambdabar}{2}$ ein Maximum bei $L = \left(n+\dfrac{1}{2}\right)\dfrac{\lambdabar}{2}$

Dieses Ergebnis für $n = 0$ zeigt, dass Streuung durch Resonanzen bestimmt wird:

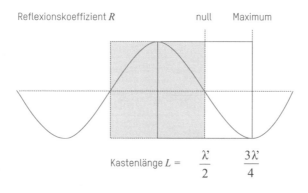

Reflexionskoeffizient R null   Maximum

Kastenlänge $L = \dfrac{\lambdabar}{2} \qquad \dfrac{3\lambdabar}{4}$

5. Unbestimmtheit

Die Heisenberg'sche Unschärferelation, nach der die Ungenauigkeit der Kenntnis des Aufenthaltsortes einer Masse Δq multipliziert mit der Ungenauigkeit ihres Impulses Δp stets mindestens dem Planck'-schen Wirkquantum entspricht, $\Delta q \cdot \Delta p \geq \hbar$, erklärt sich so:

- da das Teilchen die Welle verursacht, befindet es sich von vornherein *im* Wellenzug mit der größten Amplitude;
- jedoch ist nicht zu erfahren, *wo* im Wellenzug, und die »Ortunschärfe« entspricht einer Wellenlänge, $\Delta q = \lambda$;
- die Wellenlänge verhält sich umgekehrt proportional zum Impuls, und dieser besteht nur aus der »Impulsunschärfe«, ergo $\lambda = \hbar / \Delta p$;

- damit ergibt »Ortunschärfe mal Impulsunschärfe« $\dfrac{\hbar}{\Delta p} \Delta p = \hbar$.

Die »Unkenntnis« ist also subjektiv: Das Teilchen hat einen exakten Aufenthaltsort, teilt diesen jedoch nicht mit.

6. Wirkungsquantum

Das »Planck'sche Wirkungsquantum« von 1900, das Fundament der Quantentheorie, enthält den Begriff »Wirkung«, weil es die Dimension Energie mal Zeit hat, »Quantum«, weil diese Wirkung nur als ganzzahliges Vielfaches von $\hbar$ auftritt. Der Dimension nach ist das Wirkungsquantum auch ein Drehimpuls. In der deduktiven Physik resultiert dieser generell aus der Synchronisation von mechanischen Frequenzen mit jenen von Interferenzwellen. Der Drehimpuls l einer Masse m, die mit der Frequenz ω im konstanten Abstand r einen Punkt umkreist, ist $l = m \cdot \omega \cdot r^2$.

Erweitern von Zähler und Nenner mit ω ergibt

$$l = m \cdot \omega \cdot r^2 = \frac{m\omega^2 r^2}{\omega} = \frac{E_{pot}}{\omega}$$

Einsetzen
– der Synchronisationsbedingung $\omega_{QM} = \omega \cdot n$,
– der de-Broglie-Einstein-Relation $\omega_{QM} = E_{pot}/\hbar$,

ergibt für den Drehimpuls stets denselben, von Masse und Frequenz unabhängigen Wert von $n\hbar$:

$$l = \frac{E_{pot}}{E_{pot}/\hbar n} = n\hbar$$

Dies macht deutlich:
– Das Wirkungsquantum ist kein Quantum, das wirkt, sondern es ist derjenige Drehimpuls, der sich generell aus Synchronisation von mechanischer und quantenmechanischer Frequenz einstellt – allerdings nicht oberhalb atomarer Dimensionen; der Drehimpuls einer Lokomotive ist nicht $\hbar$;
– $\hbar$ ist als Eigenschaft des Kontinuums allein zu verstehen (es ist mit der Freien Weglänge des Kontinuums korreliert).

Ist der Abstand von m zum Rotationszentrum r nicht starr, sondern wird durch eine Kraft dE/dr bestimmt, deren Verlauf mit r ändert, lautet das Kräftegleichgewicht $m\omega^2 r = dE/dr$. Daraus resultiert:

$$l = m\omega r^2 = \sqrt{m \frac{dE}{dr} r^3}$$

Zwei Beispiele zeigen, wie diese einfache Formel zu den bekannten Resultaten führt:

Wasserstoffatom $\dfrac{dE}{dr} = \dfrac{e^2}{r^2} \rightarrow l = \sqrt{m_e \dfrac{e^2}{r^2} r^3}$

   Resonanz bei $l = n\hbar$

   resultierender Radius $r_n = n^2 \dfrac{\hbar^2}{m_e e^2} = n^2 r_{Bohr}$

Harmonischer Oszillator $\dfrac{dE}{dx} = ax \rightarrow l = \sqrt{m \cdot ax \cdot x^3} = m\omega x^2$

   Resonanz bei $l = n\hbar$

   resultierende Auslenkung $m\omega x_n^2 = n\hbar \rightarrow x_n = \sqrt{\dfrac{n\hbar}{m\omega}}$

7. Wasserstoffatom

Berechnung des Radius: Das Wasserstoffatom ist als Oszillator zu behandeln. Dabei ist der Ansatz $m_e \dfrac{d^2r}{dt^2} = -\dfrac{e^2}{r^2}$ wegen der sonst überschrittenen Lichtgeschwindigkeit für $r \to 0$ relativistisch zu ergänzen (zur Vereinfachung ohne Drehimpuls):

$$\frac{m_e}{\sqrt{1-\dot{r}^2/c^2}} \frac{d^2r}{dt^2} = -\frac{e^2}{r^2}\left(1-\frac{\dot{r}^2}{c^2}\right)$$

Integration über t, ausgehend von einer Auslenkung r_o, wo $\dot{r} = 0$ ist, ergibt:

$$m_e c^2 \left(\frac{1}{\sqrt{1-\dot{r}^2/c^2}} - 1\right) = e^2\left(\frac{1}{r} - \frac{1}{r_o}\right)$$

($\dot{r}$ würde mechanisch gerechnet bei $r = 0$ Lichtgeschwindigkeit c erreichen: was eine verbotene Extrapolation in quantenmechanisches Gebiet wäre)

Für die Energie-Minimierung sind zu synchronisieren

- Interferenz-Frequenz $\omega_{QM} = E_{pot}/\hbar = e^2/\hbar r_o$,
- mechanische Frequenz (Oszillation) aus $\omega_{mech}^2 r_o m = e^2/r_o^2$, $\omega_{mech} = \sqrt{e^2/mr_o^3}$
- $\omega_{QM} = n \cdot \omega_{mech} \rightarrow \dfrac{e^2}{\hbar r_o} = n\sqrt{\dfrac{e^2}{mr_o^3}}$,
- $r_o = n^2 \cdot \dfrac{\hbar^2}{e^2 m} = n^2 r_{Bohr}$.

Berechnung der Energie: Die Amplitude der elektrischen Strahlung hat in der deduktiven Physik die Dimension $\sqrt{Kraft}$ und ist $\dfrac{e}{r}$ (daraus $E_{pot} = \int\limits_{\infty}^{r_o} e^2/r^2 dr = -\dfrac{e^2}{r_o}$). Entsprechend ist die absolute Amplitude der

Interferenzwelle $\psi_o = \dfrac{e}{r_o}$. Die Energie der Interferenzwelle ist das Integral $\int_0^\infty \psi^2 dr$. Für $n = 1$ und mit dem Verlauf von ψ aus der Lösung der Schrödinger-Gleichung (diese wird auf S. 69 ff. hergeleitet) ist das Ergebnis:

$$E_{Interferenzwelle} = \psi_o^2 \int_0^\infty e^{-2r/r_{Bohr}} dr = \psi_o^2 \frac{r_{Bohr}}{2} = +\frac{e^2}{2r_{Bohr}}$$

Für $n > 1$ kommt der Faktor $1/n^2$ hinzu, womit sich die Gesamtenergie als Riedberg-Energie herausstellt:

$$E_{gesamt} = -\frac{e^2}{n^2 r_{Bohr}} + \frac{e^2}{2n^2 r_{Bohr}} = -\frac{e^2}{2n^2 r_{Bohr}}$$

Demnach vermindert die Interferenzenergie qua Annihilation von Coulomb-Wellen die potentielle Energie um die Hälfte. Die annihilierte Strahlungsenergie steckt nun in der Oszillation des Elektrons.

Wird die Gesamtenergie $E_{gesamt} = -\dfrac{e^2}{n^2 2r_{Bohr}}$ in die Schrödinger-Gleichung eingesetzt:

$$-\frac{e^2}{n^2 2r_{Bohr}} = -\frac{\Delta\psi}{\psi} \frac{\hbar^2}{2m} - \frac{e^2}{r}$$

$$\frac{\Delta\psi}{\psi} = \frac{1}{n^2 r_{Bohr}^2} - \frac{2}{r_{Bohr} r}$$

ist für $n = 1$ die Lösung $\psi_1 = \dfrac{e}{r_{Bohr}} e^{-r/r_{Bohr}}$ (wie oben ohne Herleitung benutzt).

Die Interferenzenergie hat für $r = n^2 r_{Bohr}$ zwischen n und $n + 1$ ein Minimum und ein Maximum von $e^2/2n^2 r_{Bohr}$ über oder unter der Anziehungsenergie. Qualitativer Verlauf der Gesamtenergie:

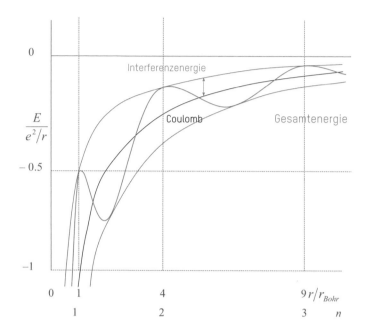

Diese Erklärung des Wasserstoffatoms macht auch deutlich, warum das hin und her beschleunigte Elektron nicht strahlt: weil seine Strahlung in die Interferenzwelle eingeht, deren Energie sich auf einen konstanten Wert einschwingt und steht.

8. Harmonischer Oszillator

Aus $m\dfrac{d^2 x}{dt^2} = -a \cdot x$ bestimmt sich die mechanische Frequenz

$$\omega_{mech}^2 = \frac{a}{m}$$

Die Synchronisation erfordert, dass diese n-fach in der quantenmechanischen Frequenz aufgeht, woraus

$$\omega_{QM} = \frac{E_{kin}}{\hbar} = \frac{m\omega_{mech}^2 x_n^2}{2\hbar} = n\omega_{mech}$$

$$x_n^2 = \frac{2n\hbar}{\sqrt{am}}$$

sowie $E_n = \dfrac{2an\hbar}{2\sqrt{am}} = n\hbar\omega$ resultieren.

Zu dieser Energie kommt die Nullpunktsenergie hinzu: Die durch die Interferenz annihilierte Feldenergie geht in der Energie einer Oszillation auf. Diese berechnet sich wie folgt:

–   die Phasengeschwindigkeit der Interferenzwelle ist $v_{Phase} = \dfrac{\omega}{k}$;

–   die Phase steht still, und die Masse m bewegt sich mit einer Geschwindigkeit $v_o = \omega x_o$ bei $x = 0$ durch diese hindurch;

–   werden diese als Relativ-Geschwindigkeiten gleichgesetzt

$$v_o = \frac{\omega}{k} = \omega x_o, \text{ ergibt sich } x_o = \frac{1}{k} = \lambdabar_o.$$

Die Gleichheit der Werte der absoluten kinetischen und potentiellen

Energie $\dfrac{ax_o^2}{2} = \dfrac{p_o^2}{2m} = \dfrac{\hbar^2}{2m\lambdabar_o^2} = \dfrac{\hbar^2}{2mx_o^2}$ führt zu $x_o^2 = \dfrac{\hbar}{\sqrt{am}}$ sowie

$$E_o = \frac{\hbar a}{2\sqrt{am}} = \frac{\hbar\omega}{2}.$$

Die Gesamtenergie ist die Summe von kinetischer und Nullpunkts-energie, qualitativ dargestellt in Abhängigkeit der Auslenkung:

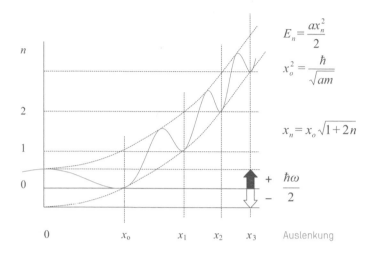

$$E_n = \frac{ax_n^2}{2}$$

$$x_o^2 = \frac{\hbar}{\sqrt{am}}$$

$$x_n = x_o \sqrt{1 + 2n}$$

$$+ \quad \frac{\hbar\omega}{2} \quad -$$

Die Minima repräsentieren die bekannten Eigenwerte; Orte dazwischen werden nicht von selbst eingenommen und gelten als »verboten«.

$E(x_o)$, die Gesamtenergie bei x_o ist null, wenn die negative Interferenz-energie der Nullpunktsbewegung einbezogen wird, was die QM hingegen unterlässt und eine positive Energie von $\hbar\omega/2$ feststellt – jedoch nicht angeben kann, woher diese stammt.

Die drei Energie-Terme einer Nullpunktsbewegung synoptisch dargestellt, Summe null:

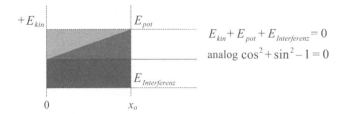

$$E_{kin} + E_{pot} + E_{Interferenz} = 0$$
$$\text{analog } \cos^2 + \sin^2 - 1 = 0$$

Die Schrödinger-Gleichung mit eingesetzter Nullpunktsenergie ergibt die Interferenzwelle

$$\frac{\hbar\omega}{2} = \frac{\hbar^2 \psi''}{2m\psi} + \frac{ax^2}{2}$$

$$\frac{\psi''}{\psi} = \frac{1}{x_o^2} - \frac{x^2}{x_o^4}$$

$$\psi = \psi_o e^{-x^2/2x_o^2}$$

Diese verhält sich wie ein zum Auslaufen gezwungener Kosinus mit gleicher Krümmung bei $x = 0$:

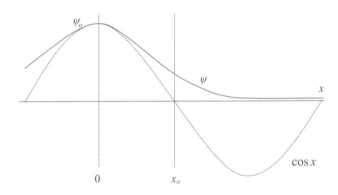

Die Interferenz-Energie ist $E_{Interferenzwelle} = \int\limits_{-\infty}^{+\infty} \psi^2(x)\, dx = \psi_o^2 \dfrac{x_o}{2}$.

Mit $\psi_o = \sqrt{Kraft = ax}$ wird das Integral $E_{Interferenz} = \dfrac{ax_o^2}{2}$.

Die Interferenz-Wellen des harmonischen Oszillators und jene des Wasserstoffatoms unterscheiden sich in Bezug auf den Potentialverlauf: Sie sind konvex oder konkav und gleichen sich in Bezug auf das Amplitudenmaximum im Nullpunkt sowie auf das rasche Abklingen nach dem Radius der durchschnittlichen Auslenkung. Die Interferenz-Wellen niedrigster Energie sind für

Harmonischer Oszillator $\qquad \psi_{HarmOsc} \sim e^{-x^2/2x_o^2}$

Wasserstoffatom $\qquad\qquad \psi_{Wasserstoff} \sim e^{-r/r_{Bohr}}$

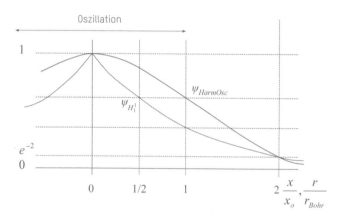

Beim Harmonischen Oszillator wie beim Wasserstoffatom tritt Resonanz ein, wenn gleichzeitig ganzzahlige Abstände und Drehimpulse vorliegen:

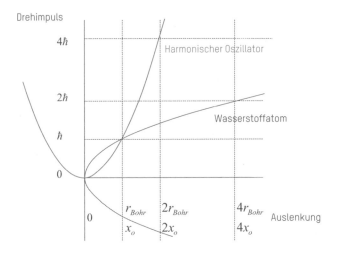

Da Drehimpuls mit Energie untrennbar verbunden ist, leitet sich seine Invarianz aus jener der Energie ab, in seinem Wert ist er bestimmt
durch Resonanz.

9. Schrödinger-Gleichung

Die Schrödinger-Gleichung gilt in der induktiven Physik als nicht abzuleiten. Die deduktive Physik leitet sie auf drei unabhängigen Wegen ab, gründend auf

- dem Impulssatz, konventionell argumentiert: Umkehrung der Ableitung von *Ehrenfest*,
- dem Impulssatz, neu argumentiert,
- der Überlagerung von Lorentz-Kontraktionen aus Relativgeschwindigkeit *und* Kraftfeld.

Umkehrung der Ableitung von Ehrenfest
Der mittlere Aufenthaltsort $\bar{x}$ eines Teilchens der Masse m, mit der Interferenzwelle ψ, deren Amplitudenquadrat w ist, ist

$$\bar{x} = \int\limits_{-\infty}^{+\infty} wx\,dx$$

Analog ist die mittlere Kraft $\overline{F} = \int\limits_{-\infty}^{+\infty} wF\,dx$.

Wandert w, ist der entsprechende Strom

$$s = \frac{\hbar}{2im}\,(\psi^*\psi' - \psi^{*\prime}\psi)$$

was $v\psi^*\psi = vw$ ergibt (v: Paketgeschwindigkeit, bei abwesender Masse c).

Zur kinetischen Energie kommt weder Energie hinzu, noch geht Energie verloren oder wird gespeichert, weshalb der Impulssatz als Erhaltungssatz für Durchschnittswerte von vornherein gilt (in der QM: Ehrenfest-Gleichung):

$$M \quad \frac{d(m\bar{v})}{dt} = \overline{F}$$

Auch die Energie der Interferenzwelle bleibt erhalten. Da diese proportional w ist, gilt für diese Erhaltung (mit s als dem Strom von w):

$$C \qquad \frac{\partial w}{\partial t} + divs = 0$$

Wird C in M eingesetzt, entsteht, wie stets, eine Wellengleichung. C und M enthalten jedoch beide ψ und ψ^*, weshalb eine kleine Rechnerei nicht zu umgehen ist. Erst ist C in ψ auszuschreiben und geeignet zusammenzufassen:

$$C \qquad \psi(\dot{\psi}^* - \frac{\hbar}{2im}\psi^{*"}) + \psi^*(\dot{\psi} + \frac{\hbar}{2im}\psi^") = 0$$

Werden die Klammerausdrücke mit A, bzw. A^* bezeichnet, wird

C zu $\psi A^* + \psi^* A = 0$, mit der Lösung

$$A = y(x) \cdot \psi$$
$$A^* = - y(x) \cdot \psi^*$$

wobei $y(x)$ eine noch unbekannte Funktion ist, für deren Auffinden M gebraucht wird. Zunächst sind die Klammerausdrücke von C in A und A^* einzusetzen:

$$A^* \qquad \dot{\psi}^* - \frac{\hbar}{2im}\psi^{*"} = -y(x)\psi^*$$

$$A \qquad \dot{\psi} + \frac{\hbar}{2im}\psi^" = y(x)\psi$$

was im übernächsten Schritt weiter verarbeitet wird.

Für die Bildung von $\dfrac{\partial(m\bar{v})}{\partial t} + \bar{F} = 0$ braucht es $\bar{v}$:

$$\bar{x} = \int wx dx$$

$$\dot{\bar{x}} = \bar{v} = \int \frac{\partial w}{\partial t} x dx = - \int \frac{\partial s}{\partial x} x dx = sx + \int s dx$$

$$= \frac{\hbar}{2im} \int (\psi^*\psi' - \psi^{*\prime}\psi)\, dx = \frac{\hbar}{im} \int \psi^*\psi'\, dx$$

Wird für $\dot{\psi}^*$, $\dot{\psi}$ aus A, A^* in die gesuchte Ableitung

$$\frac{d(m\bar{v})}{dt} = \frac{\hbar}{i} \int (\dot{\psi}^*\psi' - \psi^*\dot{\psi}')\, dx \quad\cdot$$

eingesetzt, resultiert nach Verschwinden von Termen, Restrukturieren, partiell Integrieren und Gleichsetzen

$$C \to M \qquad \frac{\hbar}{i} \int \psi^*\psi\, \frac{\partial y}{\partial x}\, dx = \int F\psi^*\psi\, dx$$

was bedeutet, dass $y(x) = \frac{i}{\hbar} \int F dx = U(x)$ ist.

Dies in A bzw. A^* eingesetzt ergibt

$$S \qquad i\hbar\, \frac{\partial \psi}{\partial t} = -\frac{\hbar^2}{2m}\, \frac{\partial^2 \psi}{\partial x^2} + \psi U(x)$$

$$S^* \qquad i\hbar\, \frac{\partial \psi^*}{\partial t} = +\frac{\hbar^2}{2m}\, \frac{\partial^2 \psi^*}{\partial x^2} - \psi^* U(x)$$

also die Schrödinger-Gleichung und deren komplex konjugierte Gleichung.

Mehrdimensional kommt zu ψ'' hinzu und analog zu $\psi^*{}''$

- zylindrisch: $\qquad +\dfrac{\hbar}{2im}\, \dfrac{\psi'}{r}$,

- sphärisch: $\qquad +\dfrac{\hbar}{2im}\, \dfrac{2\psi'}{r}$.

Ausgehend vom Impulssatz steht die Schrödinger-Gleichung schon nach fünf Schritten:

– Newton Integrieren $mv = mv_o + \int_o F(x)dt$.
– Zwei wellenmechanische Bedingungen Erfüllen durch Substitution von
  ○ v durch die noch unbekannte Geschwindigkeit des Wellenpakets $v = \partial\omega/\partial k$,
  ○ v_o durch die gegebene Geschwindigkeit der Masse $v_o = \hbar k/m$,
  ○ dt über den Zusammenhang

$$dx = v_o dt \rightarrow \frac{\partial(dx)}{\partial k} = \frac{\partial v_o}{\partial k}dt = \frac{\hbar}{m}dt$$

– Einsetzen:

$$\frac{\partial\omega}{\partial k} = \frac{\hbar k}{m} + \frac{1}{m}\int_o F(x)\frac{m}{\hbar}\frac{\partial(dx)}{\partial k}$$

– Partiell über k Integrieren, mit $\hbar$ Erweitern

$$\hbar\omega = \frac{\hbar^2 k^2}{2m} + \int_o F(x)\,dx$$

– Für ω und k aus Ableitungen von $\psi = e^{-i(kx-\omega t)}$ für die Interferenzwelle sowie $U(x) = \int_o F(x)dx$ Einsetzen

$$i\hbar\dot\psi = -\frac{\hbar^2 \psi''}{2m} + U(x)\psi$$

Wird Gleichung aus der partiellen Integration, die quadratisch ist in $\hbar$, nach $\hbar$ aufgelöst (mit $k = 1/\lambda$), resultiert:

$$\hbar = m\omega\lambda^2\left(1 \pm \sqrt{1 - \frac{2U(\lambda)}{m\omega^2\lambda^2}}\right)$$

Wird diese Gleichung mit $\omega/2$ erweitert, wird der Drehimpuls vor der Klammer zur gleichen kinetischen Energie E wie jene im Nenner des Klammerausdrucks:

$$\frac{\hbar\omega}{2} = E\left(1 \pm \sqrt{1-\frac{U}{E}}\right) \rightarrow E = \frac{\left(\hbar\omega/2\right)^2}{\hbar\omega - U}$$

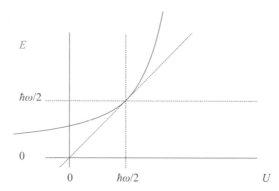

Sind E und U gleich, sind die hervorgerufenen Frequenzen gleich, und es stellt sich Resonanz ein: $E = U = \hbar\omega/2$. Auch folgt daraus $\lambdabar^2 = \hbar/m\omega$. Was bedeutet: Die Schrödinger-Gleichung *ist* der Impulssatz in der Form, die die Interferenzen der Strahlungen, auf denen alle Kräfte beruhen, zum Tragen bringt (»Eigenwerte«). Weiter ist herauszulesen, dass E nicht null sein kann (außer formal für $U \rightarrow -\infty$), sondern der kinetischen Energie einer Nullpunktsbewegung entspricht.

Ableitung aus Superposition von Lorentz-Kontraktionen

Der deduktiven Physik liegt die Ableitung am nächsten, die allein voraussetzt, dass die Welle als Interferenzwelle verstanden und Masse eine Ruhfrequenz $\omega_R = 2mc^2/\hbar$ zugeordnet wird: Dann wird die Frequenz ω der Interferenzwelle einer Masse mit Impuls $\hbar k$ in einem Potential $U(x)$ durch nachstehende Formel bestimmt

$$\omega = \frac{\omega_R' - \omega_R}{2} = \frac{\omega_R}{2}\left(\frac{1}{\sqrt{1-v^2/c^2-2U(x)/mc^2}}-1\right)$$

die durch Linearisieren von Wurzel und Bruch in die nicht-relativistische übergeht und die Schrödinger-Gleichung ergibt:

$$\hbar\omega = mc^2\left(\frac{1}{\sqrt{1-\hbar^2k^2/m^2c^2-2U(x)/mc^2}}-1\right)$$

$$\hbar\omega \approx \frac{\hbar^2k^2}{2m}+U(x)$$

$$i\hbar\dot{\psi} = -\frac{\hbar^2}{2m}\psi''+U(x)\psi$$

10. Nullpunktsbewegung, generalisiert

Die durch Interferenz annihilierte Feldenergie ist
- die neue Erhaltungsgröße, die die QM implizit in die Physik einführt;
- die Ursache dafür, dass die Energie des Wasserstoffatoms nur die Hälfte der Energie ist, die durch die Auslenkung bis zum Bohrradius gegeben wäre;
- die Quelle für die Nullpunktsbewegung.

Wenn eine bewegte Masse mit einer Kraft in Berührung kommt, schwingen die beiden Interferenzwellen aus Relativgeschwindigkeit und Potentialfeld auf eine gemeinsame Frequenz ein. Dies trifft auch dann ein, wenn die Masse in den Nullpunkt des Kraftfeldes gesetzt wird. Dort hat die Interferenzenergie ein Maximum, was die Masse aus dem Nullpunkt verdrängt. Hohe Geschwindigkeit beim Durchlaufen des Nullpunktes verkürzt die Wellenlänge; die daraus erfolgende Verkürzung der Auslenkung senkt die potentielle Energie, wodurch sich die Geschwindigkeit wieder reduziert. So schwingt das System ein auf eine scharf definierte Energie – der Vorgang hat nichts mit Unschärfe zu tun:

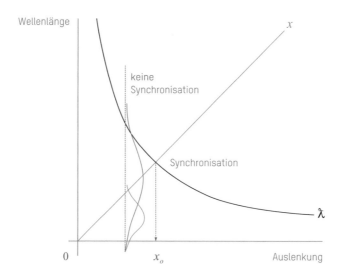

Wenn der Schnittpunkt der Kurven von x und λ außerhalb von x_o liegt, decken sich die kinetisch und die Kraftfeld bedingten Interferenzwellen nicht, ihre Interferenzenergie ist größer als das Minimum, wodurch m hin und her bewegt wird, bis dieses erreicht ist. Die (negative) Interferenzenergie und die (positive) kinetische Energie summieren sich zu null: Strahlungsenergie hat sich in Bewegungsenergie umgewandelt (Abschnitt: 8. Harmonischer Oszillator). Eine kräftefrei ruhende Masse hat keinerlei Nullpunktsenergie: Wenn im Harmonischen Oszillator die Federkonstante $a = 0$ ist, so ist es auch die Nullpunktsenergie.

III – Elementarteilchen

Die Dynamik, die in der deduktiven Physik Elementarteilchen hervorbringt, wird von demselben Kontinuum getragen wie die Expansion des Universums. Sie geht nahtlos in die Trägheits-, Gravitations- und Coulomb-Felder über. In der Graphik wird sie durch drei Punkte symbolisiert:

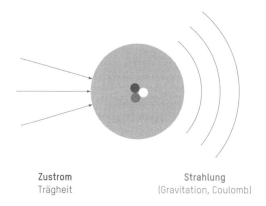

Zustrom   Strahlung
Trägheit   (Gravitation, Coulomb)

Die Elementarteilchen-Dynamik baut sich vom Einfachen zum Komplexen auf:

–   essentielle Bauelemente sind Wirbel – nicht denkunmögliche punktförmige »Partikel« (entsprechen den Quarks und Leptonen im Standardmodell der induktiven Physik);

– diese Wirbel sind einzeln nicht existenzfähig und verbinden sich zu orthogonalen Wirbelstrukturen (die drei Raumachsen entsprechen den drei Farben im Standardmodell der induktiven Physik);

– den Zusammenhalt der Wirbel leistet Interferenz, die in bestimmten Abständen ein Maximum an Feldenergie auslöscht; das Verlassen der Orte löst Rückstellkräfte aus (entspricht der Starken Kraft im Standardmodell der induktiven Physik);

– neue Erhaltungsgrößen (zusätzlich zu jenen von Mechanik und Quantenmechanik), sind
  ○ primär: Wirbel,
  ○ sekundär: Wirbelstrukturen
    (entsprechen Quantenzahlen wie Isospin oder Parität im Standardmodell der induktiven Physik);

– das elektrische Feld wird durch Wirbelstrukturen hervorgebracht (die entsprechende Ursache heißt in der induktiven Physik Ladung).

Mit diesem Aufbau steht die deduktive Physik im Gegensatz zur induktiven, deren Bausteine – Quarks und Leptonen – schon von vornherein Masse, Spin $\hbar/2$, Ladung und all ihre Erhaltungsgrößen enthalten.

1. Wirbel

In Wirbeln manifestiert sich – neben Strömung und Strahlung – der dritte Freiheitsgrad eines Kontinuums: Rotation. Der vierte Freiheitsgrad: rotierende Strahlung, wird durch das elektrische Feld ausgeschöpft.

Bestimmung von Wirbelradius und -drehimpuls. Wirbel werden durch einen Zustrom gespeist, und das Zugeströmte wird abgestrahlt. Die zuströmenden Volumina haben eine Drehimpulsdichte l:

$$l = \rho(r) \cdot \omega r^2$$

(ρ *Dichte des Kontinuums, r Radius, ω Winkelgeschwindigkeit*)

ρ ist abhängig von der Geschwindigkeit des Kontinuums: $\rho = \rho_\infty e^{-\omega^2 r^2/2c^2}$, wodurch

$$l = \rho_\infty e^{-\omega^2 r^2/2c^2} \omega r \cdot r$$

Bei einem erwarteten, noch unbekannten, innersten Radius ist $dl/dr = 0$:

$$dl/dr = -\frac{2lr\omega^2}{2c^2} + \frac{2l}{r} + \frac{l}{\omega}\frac{d\omega}{dr} = 0$$

dort ist $\rho = const$, wodurch $\dfrac{d\omega}{dr} = -\dfrac{\omega}{r}$, und die Gleichung wird erfüllt, wenn $\omega r = c$. Die Synchronisation von Rotationsfrequenz ω_{mech} und quantenmechanischer Frequenz ω_{QM} ergibt den innersten Radius, nämlich die Compton-Länge:

$$\omega_{QM} = \frac{E}{\hbar} = \frac{c}{r} = \omega_{mech}$$

$$\frac{mc^2}{\hbar} = \frac{c}{r} \rightarrow r = \lambdabar$$

Daraus ergibt sich der Drehimpuls $l = m\omega\lambda^2 = m\dfrac{mc^2}{\hbar}\dfrac{\hbar^2}{m^2c^2} = \hbar$.

Dieser Wert steht wohl im Widerspruch zum Spin $\hbar/2$, den das Standardmodell der induktiven Physik den Quarks zuordnet; da es dies jedoch ohne direkten Nachweis tut (Quarks sind nicht isolierbar), sondern nur, damit die Spin-$\hbar/2$-Buchhaltung für das aus drei Quarks gebildete Baryon aufgeht, kann dieser Widerspruch übergangen werden.

Die Gleichung für die Tangentialgeschwindigkeit ωr liefert keine reellen Werte für $r/\lambda < 1$; beim Minimum 1 ist $\rho/\rho_\infty = e^{-1/2}$. Werte für $\omega r/c > 1$ haben keine physikalische Entsprechung:

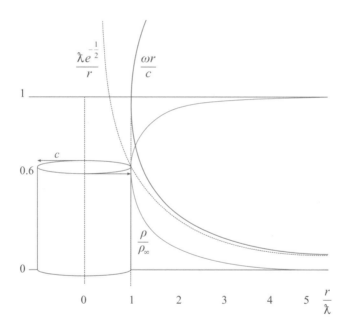

Es liegen formal ähnliche Verhältnisse vor wie bei radialem Zustrom. Anstatt $r_{Schwarzschild}$ als innerstem Radius tritt jedoch die Compton-Länge auf – beim Proton ein Unterschied von 38 Größenordnungen:

$$\frac{\lambdabar_{proton}}{r_{Schwarzschild}} = \frac{\hbar}{m_{proton}\,c}\,\frac{c^2}{2Gm_{proton}} = \frac{m^2_{Planck}}{m^2_{proton}} = 0.85 \cdot 10^{38}$$

Schwarzes Loch mit radialem Zustrom:

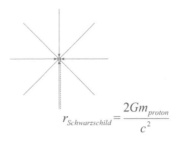

$$r_{Schwarzschild} = \frac{2Gm_{proton}}{c^2}$$

Der *exzentrische* Zustrom des Wirbels erreicht den Radius $\lambdabar$ tangential, von wo aus sich die Strahlung aufbaut. Diese ist dem Zustrom – wie im konzentrischen Fall – überlagert.

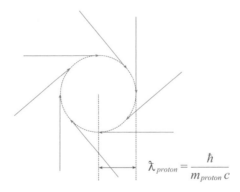

$$\lambdabar_{proton} = \frac{\hbar}{m_{proton}\,c}$$

Die Wirbel-Frequenz entspricht wohl jener in Diracs Matrixgleichung, nicht aber der Ruhfrequenz materieller Teilchen $\omega_{Ruh} = 2mc^2/\hbar$, die gewonnen wurde aus:

$$\omega_{Interferenz} = \frac{\omega_{Ruh}}{2}\left(\frac{1}{\sqrt{1-v^2/c^2}} -1\right) \approx \frac{mv^2}{2\hbar} \rightarrow \omega_{Ruh} = \frac{2mc^2}{\hbar}$$

Somit ist zwischen Wirbeln und materiellen Teilchen zu unterscheiden:

		Spin	Ruhfrequenz	Radius
–	Wirbel	$\hbar$	$\omega_{Ruh} = \dfrac{mc^2}{\hbar}$	$\lambda = \dfrac{\hbar}{mc}$
–	materielles Teilchen	$\hbar/2$	$\omega_{Ruh} = \dfrac{2mc^2}{\hbar}$	$\lambda = \dfrac{\hbar}{2mc}$

2. Aus Wirbeln zusammengesetzte Strukturen

Da Wirbel einzeln nicht existenzfähig sind, müssen sich ihre Dynamiken schließen, z. B. dadurch, dass mehrere einander gegenseitig speisen. Ihre Rotation erzeugt Kräfte aufeinander: Bei parallelen Achsen ziehen entgegengesetzt drehende Wirbel einander an, gleich drehende stoßen einander ab. Die Kraft ist reziprok zum Abstand der Achsen. Mit der Wirbelstärke, wie sie die Gasdynamik definiert, $\Gamma = 2\pi \cdot \lambda \cdot c$, sowie linearer Geschwindigkeitsabnahme in der Fläche, $u = c\lambda/r$, ist die Kraft F

$$F = \rho \cdot u \cdot \Gamma$$

$$F = 2\frac{\lambda^2 \pi\rho \cdot c^2}{r}$$

Bei einer Abweichung von Parallelität um den Winkel β wirkt nur noch die Projektion der Spin-Vektoren aufeinander: $F \sim \cos \beta$. Stehen die Achsen rechtwinklig zueinander, verschwinden Kraft und entsprechende Energie, was zur Folge hat, dass sich Wirbel rechtwinklig zueinanderstellen, wenn sie durch die Starke Kraft aneinandergeschoben werden:

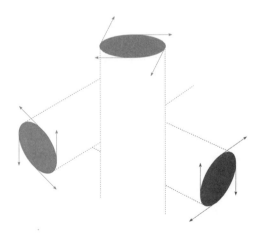

Weil diese tri-orthogonale Anordnung die geringste Energie in sich trägt, stellt sie sich von selbst ein. Die drei Richtungen treten im Standardmodell als die drei notwendig unterschiedlichen Farben von an Baryonen beteiligten Quarks auf.

Matrixgleichung von Dirac

Ruhfrequenz, Spin, magnetisches Moment sowie Antimaterie sind schon in Diracs ursprünglichem Ansatz

$$i\hbar\dot{\psi} = \frac{\hbar c \psi'}{i} + mc^2 \psi$$

angelegt. Dieser verband die Erkenntnis der RT, dass eine Masse eine Ruhenergie habe, $E_{Ruh} = mc^2$, mit jener der QM, dass jeder Masse eine Frequenz proportional zu ihrer kinetischen oder potentiellen Energie zuzuordnen sei: $E = \hbar\omega$, woraus resultiert

- in Ruhe ($\psi' = 0$): $\omega = mc^2/\hbar$,
- stationär ($\dot{\psi} = 0$): $\lambda = \hbar/mc$,
- ω und λ mit m zu einem
  Drehimpuls verbunden: $l = m\omega r^2 = m\dfrac{mc^2}{\hbar}\dfrac{\hbar^2}{m^2c^2} = \hbar$.

Diracs Matrixgleichung

$$\dot{\psi}(x) + \alpha_{xx}c\,\frac{\partial\psi(x)}{\partial x} + \alpha_{xy}c\,\frac{\partial\psi(x)}{\partial y} + \alpha_{xz}c\,\frac{\partial\psi(x)}{\partial z} + \beta_x\frac{mc^2}{i\hbar}\psi(x) = 0$$

bezieht ihre Aussagekraft aus der Klein-Gordon-Bedingung, der sie auf jeder Achse unterworfen wird: die Koeffizienten müssen je

$$-\dot{\psi}^2 = -c^2\psi'^2 + \omega_R^2\psi$$

erfüllen, woraus $\alpha_{ii}^2, \beta_i^2 = 0$ hervorgeht. Da Klein-Gordon die algebraische Umformung von $E = mc^2 / \sqrt{1 - v^2/c^2}$ in $E^2 = m^2v^2c^2 + m^2c^4$ ist, nimmt die Energie des zu beschreibenden Objekts proportional

$1\Big/\sqrt{1-v^2/c^2}$ zu, wodurch die Lorentz-Invarianz von vornherein erfüllt ist.

Aus Klein-Gordon geht via Quantisierung ($\omega^2 = k^2 c^2 + \omega_R^2$) die Gleichwertigkeit positiver und negativer Werte für Frequenz und Wellenzahl hervor, woraus die Voraussage der Antiteilchen hervorging (die Energie ist gleich, ob eine Struktur rechts- oder linksherum dreht). Und für kleine Geschwindigkeiten v lassen sich aus der Quantisierung die de-Broglie-Einstein-Relationen ableiten:

$$(\omega - \omega_R)(\omega + \omega_R) \approx \Delta\,\omega \cdot 2\,\omega_R = k^2 c^2$$

$$\frac{\Delta\omega}{k} = kc^2\,\frac{\hbar}{2mc^2} = \frac{\hbar k}{2m} = \frac{v}{2} = v_{Phase}$$

woraus $k = \dfrac{mv}{\hbar}$ sowie $\Delta\omega = \dfrac{mv^2}{2\hbar}$ resultieren.

Diracs Koeffizienten α_{ij}, β_i können nicht von einem kohärenten Feld stammen, sondern nur von voneinander unabhängigen Dynamiken: von Wirbeln auf jeder Raumachse. Dabei wird jeder Wirbel von einem Koeffizienten-Paar repräsentiert, den Spinoren. Fazit: Die Dirac-Matrix ist die Darstellung von Masse als Struktur dreier orthogonal zueinanderstehender Wirbel.

Struktur-Variationen

Für zwei orthogonal aneinandergefügte Wirbel gibt es zwei mögliche Strukturen *d* und *u* (in Anlehnung an das Standardmodell, das damit unterschiedliche Quarks bezeichnet), die nicht durch Drehung auseinander hervorgehen:

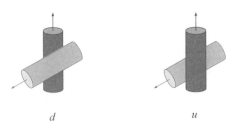

d   u

Für den dritten Wirbel gibt es in der Grundstruktur *d* vier Lagerungs-möglichkeiten:

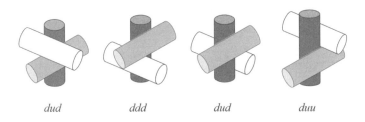

dud   *ddd*   *dud*   *duu*

Einfügen des dritten Wirbels in die Grundstruktur *u* ergibt spiegel-bildlich:

udu   *uuu*   *udu*   *udd*

Die Wirbelstrukturen speisen entweder einander oder sich selbst:

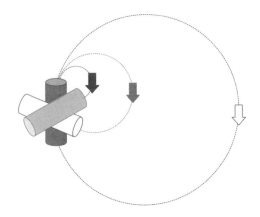

Durch diesen Austausch wirken Wirbel zum überwiegenden Teil *inner-halb* der geschlossenen Struktur. Nach außen wirkt die Struktur als Ganzes durch

- ihren Zustrom (Trägheit),
- die entsprechenden Strahlungen (Gravitation, Coulomb),
- ihren Spin von $\hbar/2$ (doppelte Frequenz gegenüber einzelnem Wirbel).

Leptonen: Das Standardmodell der induktiven Physik hält Leptonen für nicht zusammengesetzt, in der deduktiven Physik hingegen ist Leptonen, weil sie Trägheit haben, ein Zustromfeld zuzuordnen. Und da nur tri-orthogonale Wirbelstrukturen Zustrom haben können, sind Leptonen drei Wirbel zuzuordnen, was Prozesse wie der β-Zerfall bestätigen. Damit unterscheiden sich Leptonen in ihrer Struktur nicht von Baryonen; zusammen mit Proton und Neutron nach aufsteigender Energie angeordnet:

	Masse, MeV	*Lebensdauer*
e	0.511	∞
μ	105.6	$0.2 \cdot 10^{-6}$
p	938.2	∞
n	939.5	$0.9 \cdot 10^{3}$
τ	1777	$0.3 \cdot 10^{-12}$

3. Starke Kraft

Der Starken Kraft liegt das Prinzip zugrunde, das durch die Interferenz eines Wellenzuges von *2π (blau in der Graphik)* mit einem gegenläufigen Wellenzug *(grau)* gleicher absoluter Amplitude, Wellenlänge und Frequenz illustriert wird. Bei einer Phasenverschiebung um δ ist die Amplitude der Interferenzwelle

$$A = \sin x + \sin(x - \delta)$$

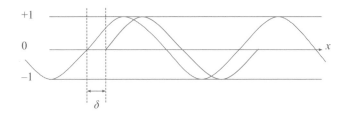

Die Energie des Interferenz-Wellenzugs ist

$$E \sim \int_{0}^{2\pi} A^2 dx = 2\pi \left(1 + \cos \delta\right)$$

sowie die Kraft als Widerstand gegen Verschiebung

$$F \sim \frac{dE}{d\delta} = -2\pi \sin \delta$$

Das Teilchen, das den Wellenzug erzeugt, hält sich in der Phasenverschiebung mit der geringsten Interferenzenergie auf: bei $\delta = \pi$. Dahin drängt die Kraft F und wirkt auf diese Weise einschließend:

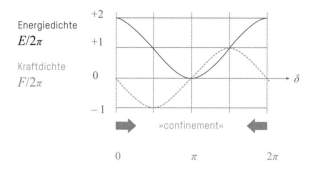

Wird dieses Prinzip auf Wirbel übertragen, deren Strahlungen im Abstand von Coulomb-Längen miteinander interferieren, so resultieren mit der Frequenz $\omega_{Ruh} = mc^2/\hbar$ und der Wellenlänge $\lambda = mc/h$ Abstände der Größenordnung des experimentell festgestellten *confinements*. Im Fall der Protonmasse:

$$-\frac{\lambda_{proton}}{2} = 0.66 \cdot 10^{-15}$$

$$-confinement \sim 0.6 \cdot 10^{-15}$$

Yukawa-Potential

Der Austausch zwischen den Wirbeln nimmt reziprok und exponentiell mit dem Abstand voneinander ab, was der vereinfachte Fall eines Zustroms, der aus Sog resultiert, illustriert (ohne Berücksichtigung der Rotation, Spin-Achse parallel zu z; Geschwindigkeit u in z-Richtung, v in r-Richtung):

Aus $u^2 + v^2 = const$ resultiert die Euler-Gleichung M (unter Vernachlässigung der Kompressibilität, die erst gegen $r = \lambda$ wirksam wird):

$$M \quad \frac{\partial u}{\partial z} = -\frac{v}{u}\frac{\partial v}{\partial z}$$

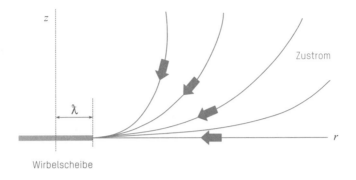

Die Kontinuitätsgleichung lautet (ebenfalls unter Vernachlässigung der Kompressibilität):

$$C \quad \frac{1}{r}\frac{\partial(vr)}{\partial r} + \frac{\partial u}{\partial z} = 0$$

Einsetzen $M \to C$ ergibt:

$$\frac{1}{r}\frac{\partial(vr)}{\partial r} + \frac{v}{u}\frac{\partial v}{\partial z} = 0$$

Mit $\psi_r = v$ sowie $\psi_z = u$ wird daraus $\psi_{rr} + \dfrac{\psi_r}{r} + \psi_r \dfrac{\psi_{rz}}{\psi_z} = 0$.

Für große z wird $\psi_{rz}/\psi_z = 1/z$, was auf $\nabla^2\psi_{Sphäre} = 0$ hinausläuft. Für kleine r nimmt der Zustrom zu einem einzelnen Wirbel mit abnehmendem r rasch zu wegen des Zustroms von unter- und oberhalb der Wirbelscheibe; somit auch das Potential: Wird dieser seitliche Zustrom (mathematisch: »Quellterm«) mit k^2 proportional zum Potential selbst gesetzt, ist die radiale Komponente bestimmt durch $\Delta\psi - k^2\psi = 0$. Dabei ist k^2 zunächst eine beliebige Konstante. Die sphärische Lösung lautet:

$$\psi = \frac{e^{\mp(1-kr)}}{kr}\,\psi_o$$

und entspricht dem Yukawa-Potential. Wird für $kr = 1$ die Zustrom-geschwindigkeit auf c gesetzt, stellt sich $\psi_o = c/2k$ heraus.

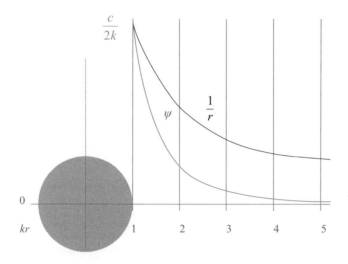

Die Yukawa-Approximation betrifft primär den Zustrom und sekundär die diesem überlagerte Strahlung. Sie begründet, warum die Starke Kraft (der Größenordnung mc^2/r am Ursprung) zwischen den Wirbeln sehr rasch mit zunehmendem Abstand abklingt. Nach 89 Radien sinkt das Potential auf die Größenordnung des Gravitationspotentials (Faktor $e^{1-89}/89 = 0.2 \cdot 10^{-38}$); würde sich die Strahlung genau nach Yukawa abschwächen, so ginge sie bei einem Radius r_G in Gravitationsstrahlung über:

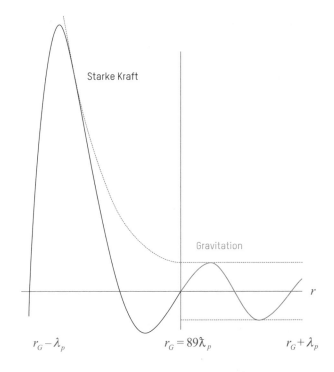

Starke Kraft

Gravitation

r

$r_G - \lambda_p$ $r_G = 89\lambdabar_p$ $r_G + \lambda_p$

Bei r_G kommt die Strahlung ins Gleichgewicht mit dem Zustrom zur ganzen Struktur. Sie wird von diesem mit Kontinuum versorgt, nicht mehr von den Wirbeln innerhalb der Struktur. Die Gleichsetzung von Yukawa- und Gravitationspotential für ein Proton mit Masse m_p ergibt den genannten Faktor:

$$\frac{\hbar c e^{1 - r_G / \lambdabar_p}}{r_G} = \frac{G m_p^2}{r_G} \rightarrow \frac{r_G}{\lambdabar_p} = 89.025$$

4. Energieniveaus von Strukturen aus Wirbeln

Drei Faktoren bestimmen die verschiedenen Energieniveaus von tri-orthogonalen Strukturen:

a)   Drehimpulse der drei Wirbel,
b)   Anregung der ganzen Struktur,
c)   Drehimpuls der ganzen Struktur.

a) Beitrag des Drehimpulses einzelner Wirbel zum Energieniveau

Auf jeder Achse gibt es für Dauern der Größenordnung 10^{-24} *s* Drehimpulse $n\hbar$ mit $n \geq 1$. Die Differenz der Energie zwischen den Elementarteilchen p und Σ von 252 *MeV* ist der Beitrag des zusätzlichen Drehimpulses auf *einer* Achse, die Differenz zwischen p und Ξ von 379 *MeV* auf *zwei* Achsen (im Durchschnitt entspricht die Energiezunahme durch einen Drehimpuls $\hbar$ knapp zwei Dritteln der Ausgangsenergie).

Das Standardmodell der induktiven Physik setzt für die Energieniveaus der kurzlebigen Teilchen, die sie im Experiment findet, eine Quantenzahl S:

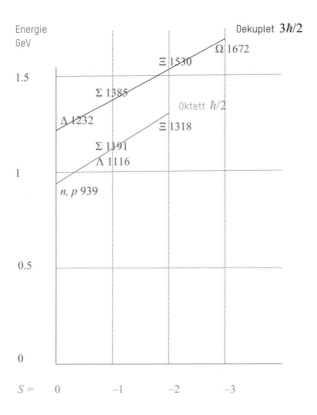

b) Beitrag der Anregung der ganzen Struktur zum Energieniveau

Die ausgelöschte Strahlungsenergie durch Interferenz $E_{Interference}$ ist bei einer Phasenverschiebung um eine halbe Wellenlänge am größten. Folglich ist dies der Abstand voneinander, den die Wirbel ungestört einnehmen. In Berührung, Abstand null, hätte die Interferenzenergie den positiven Maximalwert, weshalb Berührung nicht vorkommt.

Die Amplitude der Interferenzwelle verläuft reziprok zum Wirbelabstand (»Yukawa« wirkt nicht auf Wellen). Damit verhält sich die Interferenzenergie zur Ruhenergie wie folgt:

$$\left| E_{Interference} \right| \approx \frac{\hbar c}{\lambda\,(n+1/2)}$$

Die gemessenen Werte der angeregten Zustände des Protons entsprechen jenen aus dieser Formel tendenziell:

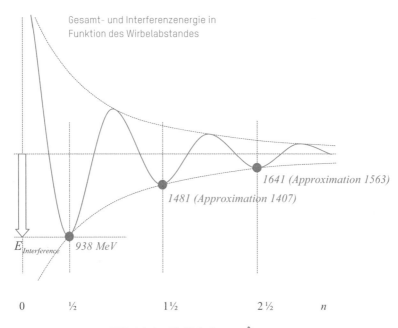

Gesamt- und Interferenzenergie in Funktion des Wirbelabstandes

1641 (Approximation 1563)

1481 (Approximation 1407)

$E_{Interference}$ 938 MeV

0   ½   1½   2½   n

Wirbelabstand in Einheiten von λ

c) Beitrag des Drehimpulses der ganzen Struktur zum Energieniveau

Die Wirbelachsen haben im Grundzustand Abstände von zwei λ plus $\lambda/2$ aus der Maximierung der Interferenzenergie. Der Abstand r der drei Wirbelachsen vom gemeinsamen Drehpunkt ist $r = 5\lambda/\sqrt{8}$. Wenn die Struktur rotiert, hat sie zusätzlich zum Spin einen Drehimpuls $l = m\omega r^2$ mit dem Wert $n\hbar$:

$$m\omega_{mech}\left(\frac{5\lambda}{\sqrt{8}}\right)^2 = n\hbar$$

Die durch den Drehimpuls hinzugewonnene zusätzliche Energie ist

(mit $\lambda = \dfrac{\hbar}{mc}$)

$$E_{rot} = \hbar\omega_{mech} = \hbar\frac{n\hbar}{m}\frac{8}{25\lambda^2}$$

$$= \frac{n\hbar^2 m^2 c^2}{m\hbar^2} = \frac{8n}{25}mc^2$$

Für das Elementarteilchen Δ ist die Gesamtenergie ($n = 1 \rightarrow l = 3\hbar/2$ sowie $mc^2 = 938\,MeV$)

$$E = 938\left(1 + \frac{8}{25}\right) = 1238\,MeV$$

Messungen ergeben 1232 *MeV*.

Die wirklichen Verhältnisse sind vielschichtiger als in diesen Approximationen abgebildet, weil alle drei Wirbel, die das Proton bilden, aufeinander einwirken, abgesehen von Effekten aus »Yukawa« und elektromagnetischem Potential.

5. Erhaltungsgrößen

Erhaltungsgrößen, auf denen alle Physik aufbaut, sind in der
- *Mechanik:* Energie, Impuls/Drehimpuls, Ladung;
- *Quantenmechanik:* Spin, Interferenzenergie (in der induktiven Physik nur implizit);
- *Elementarteilchen-Physik:* Wirbel und Strukturen (entsprechen Quarks, Leptonen und Quantenzahlen im Standardmodell).

Der *Wirbel* ist in der deduktiven Physik die primäre Erhaltungsgröße (dessen Erhaltung gründet auf Mengen- und Potentialerhaltung in Resonanz). Da Wirbel nur in Strukturen aus mehreren Wirbeln existenzfähig sind, ist die Erhaltung der Wirbel*strukturen* die sekundäre Erhaltungsgröße.

Der *Beta-Zerfall* illustriert das Prinzip der Strukturerhaltung: Aus dem Neutron wird ein Proton, indem ein Wirbel des Neutrons versetzt wird, in der Graphik durch
- Entfernen des dunkelgrauen Wirbels und Einsetzen eines neuen Wirbels (hellgrau)

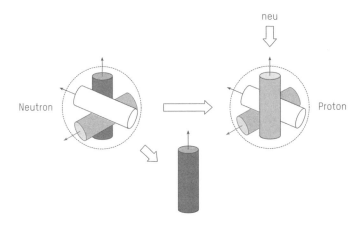

- Ergänzen des entfernten Wirbels durch zwei neue (hellgrau); es entsteht das Elektron

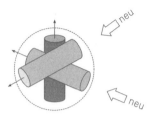

- Kompensieren des einen neuen Wirbels des Protons (grau) sowie der zwei neuen des Elektrons (grau) durch drei neue, gegenläufige Wirbel (weiß); es entsteht das Elektron-Anti-Neutrino

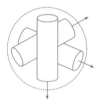

Neutrinos sind
- »Gegenstrukturen« aus »Gegenwirbeln«;
- ebenso aus tri-orthogonalen Wirbeln aufgebaut wie Baryonen und geladene Leptonen mit Spin $\hbar/2$;
- bei Zerfallsprozessen nicht mit Mitgliedern der alternativen Neutrinofamilie substituierbar;
- ohne Masse: sie bewegen sich mit c vom Prozess weg und bauen deshalb keinen Zustrom auf (wie das Photon, das aus *einem* Wirbel besteht);
- ohne Ladung (aus demselben Grund).

Diese Strukturvarianten der deduktiven Physik entsprechen den Kombinationen des Standardmodells von zwei Quarktypen, *d* und *u*, von denen es für ein Baryon je drei braucht:

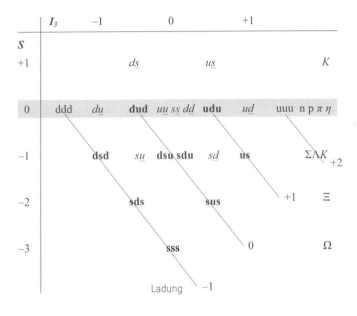

6. Gegenüberstellung von deduktiver und induktiver Elementarteilchen-Physik

DEDUKTIVE PHYSIK   INDUKTIVE PHYSIK

Bauelemente

Wirbel mit Spin $\hbar$

Quarks mit Spin $\hbar/2$
Leptonen mit Spin $\hbar/2$

zwei unterschiedliche topologische Relationen

zwei unterschiedliche Quarkfamilien u, c, t und d, s, b

Struktur

Wirbel werden durch die Starke Kraft zueinandergezogen und orthogonal auf drei Achsen aneinandergelegt (maximale Annihilation von Feldenergie)

Baryonen erfordern drei Quarks unterschiedlicher Farbe

Spin $\hbar/2$ der ganzen Struktur, bei doppelter Rotationsfrequenz gegenüber einzelnem Wirbel

Spin $\hbar/2$ als Summe der Spins der Wirbel

Leptonen bestehen aus drei Wirbeln mit Spin $\hbar/2$

Leptonen sind eigenständige Teilchen, nicht zusammengesetzt, mit Spin $\hbar/2$

umgekehrte Drehrichtung von Wirbeln

Antiteilchen

DEDUKTIVE PHYSIK	INDUKTIVE PHYSIK

kurzlebige gegenläufige Wirbel, die einander annihilieren, bevor sie sich um die eigene Achse gedreht haben

Meson

Starke Kraft

Interferenz löscht Feldenergie aus, und das Verlassen von Orten der maximalen Energieannihilation löst Rückstellkräfte aus

Austausch von Gluonen

Elektroschwache Kraft

mehrstufiger, deshalb verzögerter Umbau von Wirbelstrukturen

Austausch von Bosonen

keine eigentliche Kraft

Deutung von abnehmenden Wahrscheinlichkeiten als Kräfte

Interferenzwelle mit annihilierter Feldenergie, deshalb ganzzahliger Spin; analog H_1^1-Atom:

Boson generell, Gluonen im Besonderen

$$E_{gesamt} = E_{pot} + E_{Interferenz}$$
$$= -e^2/r_{Bohr} + e^2/2r_{Bohr}$$
$$\omega_{Bohr}r_{Bohr}^2 m_e = \hbar$$

Energieniveaus

Variation der Drehimpulse der Wirbel auf jeder Raumachse	eigenständige Teilchen für jedes Energieniveau mit unterschiedlicher Quantenzahl S

Erhaltungsgrößen

Primär: Erhaltung der Summe der Rotation auf jeder der drei Raumachsen	Farben, Spin, Drehimpuls
Sekundär: Topologie der Strukturen	Baryonen-/Leptonenzahl, Quantenzahlen C, P, T, S und Kombinationen davon
Strukturumbau muss topologisch kompensiert werden	Quarkfamilien können nicht übers Kreuz eingesetzt werden, Substitution nur je

$$u \rightarrow c \rightarrow t$$
$$d \rightarrow s \rightarrow b$$

Struktur bringt das elektrische Feld hervor (»Ladung« hat keine Trägheit, weil nur ihr elektrisches Feld real ist, und dieses eine Strahlung ist)	Ladung

| DEDUKTIVE PHYSIK | INDUKTIVE PHYSIK |

Vereinheitlichung der Kräfte

Kräfte sind gänzlich unterschiedlicher Natur und eine Vereinheitlichung ist unnötig	Analoga zum »Austausch virtueller Photonen« für die Deutung der Coulomb-Kraft: Bosonen, Gluonen, Gravitonen

Higgsfeld und -teilchen

Zustromfeld der Massendynamik	Higgsfeld
benötigt keinerlei Quelle – es ist konstituierender Teil der Massendynamik	dessen Quelle ist ein eigenes Teilchen, das Higgs-Boson

Dazu folgende Ergänzungen: Aus der Dirac-Gleichung geht die Lagrange-Energiedichte des Feldes hervor:

$$L = \partial_\mu \Phi^+ \partial^\mu \Phi - m^2 \Phi^+ \Phi$$

was sphärisch aus- und umgeschrieben lautet:

$$\omega^2 \Phi + \nabla^2 \Phi - \omega_R^2 \Phi = 0$$

In Ruhe ist $\omega = \omega_R$, woraus resultiert:

$$\nabla^2\Phi = 0$$

$$\Phi = \frac{const}{r}$$

was dem Zustromfeld in der Massendynamik der deduktiven Physik entspricht. Für ein zusätzliches Teilchen, das Higgs-Teilchen, das dieses Feld erzeugen soll, gibt es keinen Platz. Das Standardmodell in seiner quantenmechanischen Herkunft setzt sich nur mit Strahlung auseinander. Wenn es deren mathematische Konsequenzen ausschreibt, stößt es unvermeidbar auf den Zustrom, der die Strahlung speist. Es deutet diesen richtig als unendliches Feld im Raum – aber es sucht unrichtig ein separates Teilchen als Quelle dieses Feldes.

IV – Elektromagnetismus

In der deduktiven Physik werden elektrische Felder von der Elementarteilchen-Dynamik hervorgebracht. Die induktive Physik ordnet elektromagnetischen Feldern als Ursache »Ladung« zu, analog dem Zusammenhang von Masse und Gravitationsfeld, und siedelt diese im Quark als Ein- oder Zweidrittelladungen an.

1. Prinzip des elektrischen Feldes

In der deduktiven Physik:

- ist das elektrische Feld eine Strahlung. Es nimmt mit der Relativgeschwindigkeit v in deren Richtung mit $(1-v^2/c^2)$ ab sowie orthogonal mit $(1-v^2/c^2)^{-1/2}$ zu, weil es dem Kontinuumsstrom überlagert ist wie das Gravitationsfeld,

- ist die Frequenz des elektrischen Feldes des Elektrons seine Ruhfrequenz, was beispielsweise aus der Frequenz der Interferenzwelle des Wasserstoffatoms $\omega_{Bohr} = e^2/\hbar r_{Bohr}$ hervorgeht. Diese stammt aus der folgenden Relation, in der die Frequenz des elektrischen Feldes $\omega_{Coulomb}$ zunächst als unbekannt eingesetzt wird:

$$\omega_{Bohr} = \frac{e^2}{\hbar r_{Bohr}} = \frac{\omega_{Coulomb}}{2}\left(\frac{1}{\sqrt{1 - 2e^2/r_{Bohr}m_ec^2}} - 1\right)$$

$$\approx \frac{\omega_{Coulomb}}{2}\left(1 + \frac{e^2}{r_{Bohr}m_ec^2} - 1\right)$$

$$\omega_{Coulomb} = \frac{2m_ec^2}{\hbar} = \omega_{Ruh,e}$$

– hat die Strahlung Drall, da der Zustrom zu einem Wirbel tangential eintrifft. Die Natur als »Rotationsstrahlung« manifestiert sich darin, dass ein elektrisches Feld nur mit einem elektrischen Feld interagiert – analog der Gasdynamik, in der Wirbel nur auf Wirbel wirkt:

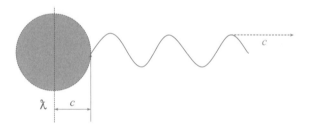

– liegt die Quelle des elektrischen Feldes des Elektrons auf einer *Sphäre* vom Radius $\lambdabar_e$, was aus dem magnetischen Moment hervorgeht,

definiert als $l_m = \omega r^2 e$ (mit $e = q/\sqrt{4\pi\varepsilon_o}$),
darin eingesetzt $\omega = \omega_{Ruh,e} = 2m_ec^2/\hbar$,

$$r = \lambdabar_e = \frac{\hbar}{2m_ec}$$

woraus $l_m = \frac{2m_ec^2}{\hbar}\frac{\hbar^2}{4m_e^2c^2}e = \frac{\hbar e}{2m_e}$ resultiert.

–   organisiert sich die Abstrahlung selbst (virtuelle Photonen mit radialer Spinachse). Der Radius der rotierenden Strahlungspakete ist konstant, es variiert deren Dichte (wie die Dichte der Konstituenten eines Gases):

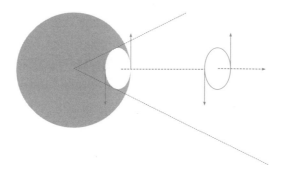

–   bilden die Pakete »Röhren«, die einander annihilieren oder verdrängen – je nach Drehrichtung, was in den Feldlinien deutlich wird:

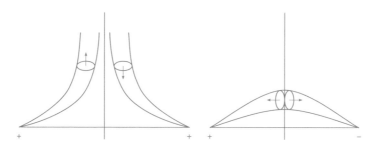

–   gibt es auch innerhalb des Neutrons elektrische Strahlung (manifest im magnetischen Moment, dessen Wert zwei Drittel von jenem des Protons ist), doch sie ist in sich geschlossen. Im Proton ist sie offen (tritt nach außen) und wird beispielsweise im Wasserstoffatom im Zusammenspiel mit dem Elektron geschlossen.

2. Rotationsstrahlung

Das elektrische Feld wird durch »virtuelle Photonen« gebildet, die die Massen-Dynamik abstrahlt. Im virtuellen Photon liegt kein Partikel vor, sondern ein Strahlungspaket. Da es rotiert und sich mit c fortpflanzt, kann von Rotationsstrahlung gesprochen werden:

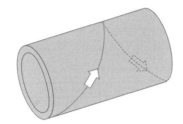

»Rotationsstrahlung«

Wellengleichung für diese Rotationsstrahlung. Der Radius des Pakets ist bestimmt durch Resonanz (Drehimpuls $\hbar$). Auf diesem gegebenen Radius sind Kontinuitäts- und Euler-Gleichung C und M zu bestimmen (ω ist hier Winkel, nicht Frequenz):

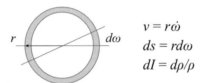

$$v = r\dot{\omega}$$
$$ds = r\,d\omega$$
$$dI = d\rho/\rho$$

$$C \quad \frac{\partial v}{\partial s} = -\frac{1}{\rho}\frac{\partial \rho}{\partial t} \qquad \text{daraus } \frac{\partial \dot{\omega}}{\partial \omega} = -\dot{I}$$

$$M \quad \frac{\partial v}{\partial t} = -c^2\frac{1}{\rho}\frac{\partial \rho}{\partial s} \qquad \text{daraus } r\frac{\partial \dot{\omega}}{\partial t} = -\frac{c^2}{r}\frac{\partial I}{\partial \omega}$$

Einmal nach t und einmal nach ω Differenzieren:

$$C \quad \frac{\partial^2 \dot{\omega}}{\partial \omega^2} = -\frac{\partial \dot{I}}{\partial \omega}$$

$$M \quad \frac{\partial^2 \dot{\omega}}{\partial t^2} = \frac{c^2}{r^2} \frac{\partial \dot{I}}{\partial \omega}$$

und gegenseitig Einsetzen, ergibt die gesuchte Wellengleichung:

$$\frac{\partial^2 \dot{\omega}}{\partial t^2} = -\frac{c^2}{r^2} \frac{\partial^2 \dot{\omega}}{\partial \omega^2}$$

3. Maxwell-Gleichungen

Das elektrische Feld besteht aus einem Fluss »virtueller Photonen«, rotierenden Wellenpaketen, mit
- Spin $\hbar$,
- Geschwindigkeit c,
- Radius λ,
- Frequenz $\omega_{photon} = c/\lambda = mc^2/\hbar$:

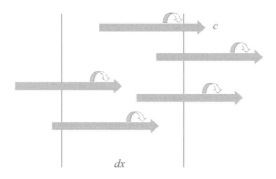

Aus dieser Vorstellung des elektrischen Feldes leiten sich die elektromagnetischen Maxwell-Gleichungen ab wie bei der Ableitung der Feldgleichung für das wirbelfreie Kontinuum: aus der Erhaltung von Spindichte und Spinfluss.

Erhaltung der Spindichte: Spin kann nicht verschwinden, und wenn der Photonenstrom der Dichte E über das Intervall dx um dE abnimmt, so löst dies einen Spin dB aus, der dies kompensiert:

$$dE + \frac{dB}{dt} dx = 0 \quad \text{(vorläufig)}$$

Die verlorene horizontale Rotation des Flusses wird im Inneren des Flusses kompensiert (analog der Präzession beim Kreisel):

114

Abgelenkter Vektorfluss — Aufbau innerer Gegenrotation

Mathematisch ausgedrückt:

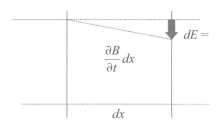

Weil das Substrat (das vermindert oder aufgebaut wird) Spin mit horizontaler Ausrichtung ist, also aus Vektoren besteht, ist statt dE/dx → $rotB$ einzusetzen:

$$C \quad \frac{dE}{dx} + \frac{\partial B}{\partial t} = 0 \rightarrow rotE + \frac{\partial B}{\partial t} = 0$$

Erhaltung des Spinflusses: Wenn die Dichte an horizontalem Spin am rechten Rand instantan um dB vermindert wird, ist der Ausfluss sofort um cdB vermindert, was mit der Zeit auf das ganze Intervall verteilt eine durchschnittliche Flussreduktion ergibt:

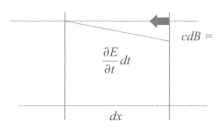

$$\frac{\partial E}{\partial t}\, dt - cdB = 0$$

Da die Absenkung über das ganze Intervall dx nach dt erreicht ist, ist für $dt \to dx/c$ einzusetzen, wiederum mit $dB/dx \to rotB$, womit

$$M \quad \frac{\partial E}{\partial t} - c^2 \frac{dB}{dx} = 0 \to \frac{\partial E}{\partial t} - c^2 rotB = 0 \text{ entsteht.}$$

Damit sind die elektromagnetischen Maxwell-Gleichungen aus der Erhaltung von Spindichte und -fluss abgeleitet:

$$C \quad rotE + \frac{\partial B}{\partial t} = 0$$

$$M \quad \frac{\partial E}{\partial t} + c^2 rotB = 0$$

Die Natur von B als »Speicher« manifestiert sich auch in der Gesamtenergie des Feldes:

$$E^2 + c^2 B^2 = const$$

ebenso die hermitesche Natur der Feldgleichungen: Wenn die Amplitude einer elektromagnetischen Welle verschwindet, befindet sich deren Energie in der verborgenen (imaginär erscheinenden, Phasen verschobenen) Amplitude des Magnetfeldes $E = icB_{const = 0}$.

Zu den Maxwell-Gleichungen ist auch durch Analogieschluss zu gelangen: in den Gleichungen für das wirbelfreie Kontinuum

$$C \quad \frac{\partial v}{\partial x} + \frac{1}{\rho} \frac{\partial \rho}{\partial t} = 0$$

$$M \quad \frac{\partial v}{\partial t} + \frac{c^2}{\rho} \frac{\partial \rho}{\partial x} = 0$$

sind wie folgt zu ersetzen

$$\rho v \rightarrow E$$
$$\rho \rightarrow B$$
$$grad \rightarrow rot$$

Das Kontinuum, das die Störungen, ob Druck- oder Rotationswellen, überträgt, ist dasselbe:

Elektromagnetismus *Gravitation*

Wirbeldichte	Dichte an Kontinuum
Wirbelfluss	wirbelfreier Fluss
diskrete Konstituenten	kontinuierlich veränderliche
(»virtuelle Photonen«)	Dichte

Anhang – Anmerkungen

[1] Der Stand der induktiven Physik

Relativitätstheorie, Elektromagnetismus und Quantenmechanik beruhen auf 13 voneinander unabhängigen Gesetzen, die das Experiment bestätigt:
–   Impulssatz, Gravitationsgesetz,
–   Lorentz-Invarianz, Äquivalenzprinzip,
–   4 Maxwell-Gleichungen, elektromagnetisches Kraftgesetz,
–   2 de-Broglie-Einstein-Relationen, Unschärferelation,
–   Schrödinger-Gleichung,

sowie auf 7 voneinander unabhängigen Größen, deren Werte im Experiment festgestellt worden sind:
–   4 Fundamentalkonstanten: c, G, h, α (Feinstrukturkonstante),
–   3 Massen: Proton, Neutron, Elektron (hier als die »Phänomene« behandelt).

Alle weiteren Zusammenhänge können aus diesen 20 Größen und Gesetzen hergestellt werden.

Die Kosmologie ist insofern noch offen, als es
–   zu wenige Anhaltspunkte für die Konstanten im Friedmann-Modell gibt (Kosmologische Konstante, Massendichte, Strahlungsdichte, Krümmung $k = +1$, 0 oder -1),

– keinerlei Erklärungen gibt für die beschleunigte Expansion des Universums,
– keinerlei Erklärungen gibt für die Zentralbeschleunigung in Galaxien.

Die Elementarteilchen-Physik ist insofern noch offen, als
– wesentliche Theorie experimentell nicht bestätigt ist,
– eine unbefriedigend große Anzahl unabhängiger Parameter nötig ist, um wenige Phänomene zu erklären.

Die Elementarteilchen-Physik wird durch das Standardmodell repräsentiert, das sagt,
– eine stabile Welt sei aufgebaut aus:
   ∘ Elektron,
   ∘ u-Quark,
   ∘ d-Quark,
– jeweils drei Quarks bildeten Nukleonen und würden dabei durch den Austausch von Gluonen zusammengehalten:
   ∘ zwei u und ein d das Proton,
   ∘ zwei d und ein u das Neutron,
– alle drei Elementarteilchen hätten in Ruhe einen Spin von $\hbar/2$,
– alle drei trügen Ladungen:
   ∘ Elektron minus 1,
   ∘ d-Quark minus 1/3,
   ∘ u- Quark plus 2/3,
– Ladungen würden aufeinander durch den Austausch von Photonen wirken,
– Elektronen partizipierten nicht am Gluonen-Austausch.

Als *world in process* ist das Standardmodell um eine Größenordnung verwickelter:
– zum Elektron kommen Myon und Tau und bilden eine Familie der Ladung minus 1,
– dieser Familie steht eine elektrisch neutrale zur Seite: jene der drei Neutrinos,

- zu *u*-Quark kommen *c* und *t*, zu *d*-Quark *s* und *b* hinzu,
- zusätzlich tragen alle Quarks eine von drei sogenannten Farben, und es braucht für ein Nukleon drei verschiedenfarbige Quarks,
- zu diesen 4 mal 6 Teilchen kommen deren Antiteilchen hinzu (umgekehrte Vorzeichen aller quantenmechanischen Parameter wie Ladung, Spin),
- bei Umwandlung von einem Quark in ein anderes werden 3 zusätzliche Austauschteilchen aktiv: ein neutrales sowie ein positiv und ein negativ geladenes (ergibt zusammen mit den Gluonen, die 8 verschiedene Farbübergänge tragen, plus dem Photon insgesamt 12 Austauschteilchen),
- um den Elementarteilchen Masse zuzuordnen, werden Higgs-Feld und ein dieses verursachendes Higgs-Teilchen postuliert,
- um Gravitation zu repräsentieren, wird ein dreizehntes Austauschteilchen postuliert: das Graviton.

Sämtliche der mehreren Hundert – aus Hochenergielabor, wie teilweise auch aus Kosmos – bekannten Teilchen kann das Standardmodell als Kombinationen von zwei oder drei Quarks darstellen. Dabei ist neben dem Elektron einzig das Proton stabil. Das isolierte Neutron zerfällt, wenn auch relativ langsam. Alle übrigen zerfallen rasch, einige so rasch, dass sie sich während ihrer Lebensdauer nicht einmal um die eigene Achse drehen können.

Zusammenfassend: Zu den 20 Gesetzen und Konstanten der »phänomenalen Physik« und den 4 der Kosmologie kommen mit dem Standardmodell 51 zusätzliche, unabhängige, auf Messergebnisse angewiesene Größen und Gesetze:
- 24 Elementarteilchen (6 Quarks mal drei Farben, 6 Leptonen – wobei das Elektron schon unter »phänomenale« Physik gezählt wurde –, entsprechende Antiteilchen werden nicht gezählt),
- 13 Austauschteilchen,
- Higgsfeld und -teilchen,

- 4 Kopplungskonstanten (3 davon mit der relevanten Energie gleitend – allenfalls konvergierend –, plus eine für das *confinement* der Starken Kraft),
- Dirac-Gleichung,
- 7 Symmetrien, Pauliverbot.

In gewissen Weiterentwicklungen des Standardmodells mit vollständigerem Erklärungsvermögen kann die Zahl der Konstanten und Gesetze über 100 erreichen (Supersymmetrie).

[2] Erkenntnistheoretische Grundlagen
in Hans Widmer: »Das Modell des Konsequenten Humanismus«,
rüffer & rub Sachbuchverlag, Zürich 2013
Siehe Leseprobe S. 129ff.

³ Quantenverschränkung

In der sogenannten Quantenverschränkung korrespondieren Zustände von Teilchen miteinander über Raum und Zeit ohne Berührung und ohne Verzögerung, was die Gesetze der Quantenmechanik (QM) voraussagt, jedoch der Anschauung widerspricht (»Spukhafte Fernwirkung«, Einstein).

Der Widerspruch rührt daher, dass sich die Gesetze der QM nicht mit den Ursachen der Ereignisse beschäftigen, sondern mit deren Statistik. Ihre Voraussagen sind wie alte Bauernregeln, aber ebenso wenig wie der Bauer vermag und braucht die QM die Ursachen im Zusammenhang zu erklären. Noch deutlicher: Da die QM die Bell'sche Ungleichung verletzt[1964], ist eine lokale Realität ausdrücklich ausgeschlossen; die QM ist keine »realistische und lokale« Theorie.

Die deduktive Physik ist eine »realistische und lokale« Theorie, indem alles mit allem über das Kontinuum verbunden ist. Zugleich ist sie eine »statistische«, indem alles, was erscheint und gemessen werden kann, auf Resonanzen von interferierenden Wellen beruht. Damit werden Einsteins Erwartungen und die »Kopenhagener Deutung« der QM versöhnt.

⁴ Begriffe, Sätze der Physik

Begriffe sind ein Spezialfall von Information, und Information ist materielle Struktur – während alle materielle Wirklichkeit fließt. Information tritt mit der DNA in die Welt. Zum ersten Mal ist eine molekulare Struktur die Instruktion für den Bau einer anderen. Das Fließen ist nur erkennbar qua Information: Diese bringt das Fließen zum Stehen wie eine Fotografie.

Bevor Begriffe und Gesetze der Physik der Erprobung ausgesetzt werden können, müssen sie als Hypothesen erfunden werden. Dazu Kant in der Vorrede zur »Kritik der Reinen Vernunft«: »dass die Vernunft nur das einsieht, was sie selbst nach ihrem Entwurfe« vorbringe; und Goethe, der mit einer zahmen Xenie nachdoppelt: »Was ihr hinein nicht gelegt, das ziehet ihr nimmer heraus.«

Die für Physik nützlichen Begriffe stellten sich spät ein: Masse zum Beispiel erst im 17., Energie erst Mitte 19., Spin erst anfangs des 20. Jahrhunderts; diese Begriffe aufzustellen war die erste hohe Erfindung.

Physik will den Fall des Apfels vom Baum erfassen – den Prozess, nicht die Lage am Baum oder auf dem Boden. Dazu braucht sie wohl die stehenden Bilder, wörtlich in ihrem Fall: die Zustände. Sie muss zwei Zustände durch eine Operation verbinden: die Höhe des Apfels am Baum mit der Geschwindigkeit beim Aufprall durch die Bewegungsgleichung (Masse m auf Höhe h im Schwerefeld g):

$$m \frac{d^2 h}{dt^2} = -gm$$

Damit gibt sich Physik jedoch nicht zufrieden: integriert sie über dt, erhält sie

$$1. \quad m \frac{dh}{dt} = -gm\Delta t + const$$

Mit $dh/dt = v$ (Geschwindigkeit) sowie $const = mv_o$ wird daraus $mv - mg\Delta t = mv_o$. Damit hat sie eine Invariante gewonnen: den Impuls.

Wird Newtons Korrelation über dh integriert, erhält sie eine zweite Invariante (mit der Ausgangshöhe h_o, neu gegliedert): die im Prozess involvierte Energie, E

$$2. \quad mgh - \frac{mv^2}{2} = mgh_o - \frac{mv_o^2}{2} = E_o$$

Impuls und Energie sind Begriffe, die den Prozess erfassen – aber sie sind synthetisch: weder materiell zu beobachten, noch vorzustellen – als was sollte man sich etwa $mv^2/2$ vorstellen?

Wird in Gleichung (1) statt $h \rightarrow h + h_1$ gesetzt, ändert die Invariante nicht. Mit der Definition von Hermann Weyl (1885–1955): Wenn eine Operation an einer Größe (original: an einem »Ding«, etwa Drehen an einem Rad) diese nicht verändere, so ist die Größe bezüglich dieser Operation »symmetrisch«, ist Impuls gegenüber Verschiebung im Raum symmetrisch. Wird in Gleichung (2) statt $t \rightarrow t + t_1$ gesetzt, ändert sich diese Invariante ebenso wenig: Energie ist bezüglich Verschiebung in der Zeit symmetrisch.

Diese Symmetrie-Überlegungen generalisierte Emmy Noether (1882–1935) dem Sinn nach zum Theorem: »Einer Symmetrie der Wechselwirkungen entspricht ein Erhaltungssatz physikalischer Observablen.« So wurde Symmetrie zum abstraktesten Naturgesetz – doch genau genommen liegt nicht mehr darin, als was Newton hineingelegt hatte. Es ist quasi die Rückabwicklung der Invarianten-Definitionen. Der für die Relativitätstheorie eminent wichtige Ausgangspunkt, dass $d(mv)/dt = F$ gilt und nicht $mdv/dt = F$, geht aus Noether nicht hervor.

Es gibt kein Wissen, das niemand weiß, keine verborgenen Naturgesetze. Alles Wissen ist bestätigte Hypothese, ist die Hervorbringung von Fragenden – beispielsweise vom sechzehnjährigen Einstein, der sich wundert, was er sähe, wenn er auf einem Lichtstrahl reiten würde.

Theorien gehen nie aus bloßen Ansammlungen von Daten hervor, sondern beginnen stets mit etwas vom Theoriebauer Erfundenem: bei Newton mit den raffinierten Begriffen »Masse« und »Kraft«, bei Maxwell mit seinem Gleichungssystem, bei Einstein mit Lorentz-Transformation und Äquivalenzprinzip, bei der Quantenmechanik mit der Schrödinger-Gleichung. Wenn gemäß Goedels Theorem Regeln einer Theorie nicht aus dieser selbst hervorgehen können, dann müssen sie vom Theoriebauer hineingelegt worden sein. Dazu Einstein: »[D]ie Konzepte, die in unsern Gedanken [...] auftauchen, sind alles freie Erfindungen«.

Die erste große Synthese der Physik gelang Newton 1687 auf der Basis von Kepler und Galilei, die ihre kinematischen Gesetze aus der Beobachtung gewonnen hatten. Newtons Gesetz ging nicht aus diesen Gesetzen hervor, sondern er führte neu »träge Masse«, »Gravitation« und »Beschleunigung« so ein, dass jene daraus abgeleitet werden können. Dem überlagerte Einstein 1905 seine Gesetze. Auch Einsteins Feldgleichungen können weder aus Newton noch der gemessenen »Konstanz der Lichtgeschwindigkeit« gelesen werden. Seine Tensoren sind seine von außen eingebrachte Erfindung, angeregt durch die Euler-Gleichung. Ebenso kommen Maxwells Gleichungen von außen, die er 1873 auf der Grundlage dessen erstellte, was über Elektrizität und Magnetismus vorlag. Schließlich ist Schrödingers 1926 erstellte Gleichung ein neuer (Ent-)Wurf.

Auch wenn die Physik einmal vollständig und widerspruchsfrei abgeschlossen sein wird (wie Elektromagnetismus seit Maxwell), bleibt sie ein Konstrukt aus Begriffen und Sätzen, dessen einzige Legitimation ist, dass es sich bewährt. Begriffe und Sätze sind Annäherungen an das, was in Wirklichkeit grenzenlos ist und fließt, durch Abgegrenztes (»definieren«) und Stehendes (»verstehen«).

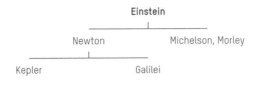

Einstein

Newton | Michelson, Morley

Kepler | Galilei

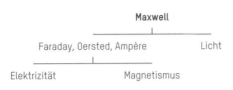

Maxwell

Faraday, Oersted, Ampère | Licht

Elektrizität | Magnetismus

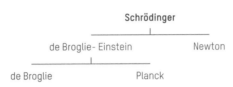

Schrödinger

de Broglie- Einstein | Newton

de Broglie | Planck

 Dr. Hans Widmer, 1940, studierte Maschinenbau an der ETH Zürich und promovierte in Nuclear Engineering am MIT. Nach Stationen als CEO in international tätigen Konzernen übernahm er ein Unternehmen in der Maschinenbau-Industrie. Widmer ist verheiratet, Vater von vier Kindern und lebt mit seiner Familie in der Nähe von Zürich.

Leseprobe

Hans Widmer

—

Das Modell des Konsequenten Humanismus

Erkenntnis als Basis für das Gelingen einer Gesellschaft

rüffer & rub

Allen lebenden Strukturen ist der Drang zur Ausschöpfung der Existenzmöglichkeiten konstituierend eingeschrieben. Neue Arten von Lebewesen müssen stets flexibler sein, um unter den bisherigen zu bestehen. Am Ende der biologischen Evolution steht das Phänomen »Bewusstsein«, das die Existenzmöglichkeiten der Gattung Mensch spektakulär erweitert. Deren Beherrschung der Welt gegenüber dem kümmerlichen Überleben ihrer Vorfahren verdeutlicht dies. Ebenso tritt hervor, dass Bewusstsein kein graduell ertastetes Vermögen, sondern ein Evolutions-*Sprung* ist. Ebendieses Bewusstsein schafft im Kollektiv qua seiner Überlegenheit unablässig eine Welt *über* der Natur, für die die Instinkte der Individuen nicht ausreichen. Deshalb suchen sie nach Orientierung und setzen die großen philosophischen Fragen in die Welt.

Der Anfang des Kreises

Zu Beginn des 21. Jahrhunderts liegen die Erkenntnisse vollständig vor, um die zweckmäßige Organisation menschlicher Gesellschaften zu bestimmen. Zweckmäßig sind diese organisiert, wenn sie allen Mitgliedern die Möglichkeit eines erfüllten Lebens bieten. Auch ist alle Erkenntnis dafür gegeben, das Individuum zur Ausschöpfung dieser Möglichkeiten anzuleiten. Die Gegenwart ist allerdings noch weit von der Umsetzung der Erkenntnis entfernt, und allein die Einsicht, dass sie verfügbar ist, wäre ein großer Schritt. Ihr Erwerb setzt jedoch den Willen voraus und ihre Umsetzung die Selbstbeherrschung, die sich beide erst daraus einstellen. Ebenso bedingt die zweckmäßige Organisation der Gesellschaft jene kenntnisreichen, selbstbeherrschten Individuen, die sie erst hervorbringt. Das Wünschbare kann folglich nicht verfügt, aber dessen Heranreifen kann katalysiert werden: durch Aufklärung.

Allen lebenden Strukturen ist der Drang zur Ausschöpfung der Existenzmöglichkeiten konstituierend eingeschrieben. Neue Arten von Lebewesen müssen stets flexibler sein, um unter den bisherigen zu bestehen. Am Ende der biologischen Evolution steht das Phänomen »Bewusstsein«, das die Existenzmöglichkeiten der Gattung Mensch spektakulär erweitert. Deren Beherrschung der Welt gegenüber dem kümmerlichen Überleben ihrer Vorfahren verdeutlicht dies. Ebenso tritt hervor, dass Bewusstsein kein graduell ertastetes Vermögen, sondern ein Evolutions-*Sprung* ist. Ebendieses Bewusstsein schafft im Kollektiv qua seiner Überlegenheit unablässig eine Welt *über* der Natur, für die die Instinkte der Individuen nicht ausreichen. Deshalb suchen sie nach Orientierung und setzen die großen philosophischen Fragen in die Welt.

Was *Philosophie* seit ihren Anfängen fragt, beantwortet das vorliegende Modell auf der Grundlage dessen, was Wissenschaft bisher hervorgebracht hat: etwa, was Leben sei, der Mensch, Freier Wille, Glück. Wissenschaftliche Erkenntnis rührt aus der systematischen Befragung davon, was als Wirklichkeit erscheint. Erkenntnis ist überhaupt nur aus solcher Befragung zu gewinnen. Philosophische Arbeit beginnt folglich mit der Einverleibung relevanter Erkenntnis: »Die enge Pforte, die zur Weisheit führt.«[Kant]

Das Modell des Konsequenten Humanismus trifft keine Annahmen über irgendetwas im Voraus, auch setzt es kein spezifisches Wissen voraus. Es geht von Anschauung aus und entwickelt mit intuitiver Logik Folgerungen, die der Lesende selber rekonstruieren kann, was auch Relativitätstheorie oder Hyperzyklus (Sprung zum Leben) umfasst.

Vor und für Kant war selbstverständlich, dass sich Philosophie alle verfügbare Erkenntnis aneignete. Anfangs des 19. Jahrhunderts nahm Wissenschaft aber derart Fahrt auf, dass Philosophen nicht mehr folgen konnten – und wenn sie vorerst noch folgten: Relativitätstheorie und Quantenmechanik hängten sie definitiv ab. Sie zogen sich auf »das Klarwerden von Sätzen«[Wittgenstein] zurück, einzelne gar in Mystik, was in keiner Weise ihre Aufgabe ist. Sie sollen die tragenden Erkenntnisse erwerben, sich darüber hinausschwingen und sich ihren alten Aufgaben auf der neuen, grandiosen Basis stellen.

Bewusstsein erweitert den Horizont von dessen Träger radikal: räumlich, zeitlich, sozial – insbesondere dadurch, dass es ihn als »Selbst« enthält. Da der erweiterte Horizont sowohl Chancen wie Bedrohungen birgt, muss das Bewusstsein *alles* deuten, was es darin wahrnimmt. Fehlen ihm Kenntnisse, behilft es sich mit Annahmen und Behauptungen; wie die Weltgeschichte jedoch verdeutlicht, sind Erkenntnisse weit erfolgreicher. Das Selektionskriterium bei der Gewinnung von Erkenntnis ist Widerspruchsfreiheit: einmal gegenüber der Wirklichkeit und dann gegenüber aller verifizierter Erkenntnis. Den Horizont erfüllter Widerspruchsfreiheit größtmöglich auszudehnen dient zwei Zielen zugleich: Erklärungsstärke *und* -vollständigkeit.

Die unausweichliche Folgerung davon ist: Ein Modell erklärt das Ganze – oder es erklärt nichts. Es ist erst geschlossen, wenn es nicht nur die Welt erklärt, sondern ebenso das Denken, das die Erklärungen leistet. Die dabei für Schlüssigkeit erforderliche Menge zu erarbeitender Erkenntnisse ist, bei aller versuchten didaktischen Verdichtung, groß. Und wer sich darauf einlässt, weiß überdies erst nach der Investition, ob sie sich auch lohnt.

Ein geschlossener Kreis von Erklärungen? Wissenschaften erklären eingegrenzte Wirklichkeit aus eingegrenzter Wirklichkeit und haben darin eine exponentiell anwachsende, mittlerweile ungeheure Fülle an Erkenntnissen hervorgebracht; für ein widerspruchsfreies Ganzes hingegen fühlt sich keine zuständig. Philosophie nach Hegel hat vor der Aufgabe kapituliert; gelegentlich mokiert sie sich gar über den Kleingeist, der es trotz ihrer Warnung versucht.

Die Basis für das Modell des Konsequenten Humanismus bildet die Art, wie sich das Bewusstsein die Welt vorstellt; ausgehend davon steigt es über Stufen zum Denken hoch, das die Vorstellung hervorbringt:

1. *Anschauungen a priori.*[Kant] Raum und Zeit bilden unentrinnbar das Koordinatensystem im menschlichen Gehirn, worin es die Welt darstellt.

2. *Kontinuum, Masse, Kosmos.* Denknotwendig erfüllt ein Kontinuum den vorgestellten Raum – seit Anaximander und bis Einstein. Die »deduktive Physik«, auf der das Modell fußt, leitet Masse als Dynamik eines geeignet spezifizierten Kontinuums ab, und dasselbe Kontinuum trägt die Expansion des Universums.

3. *Atome, Elementarteilchen.* Wenn Massendynamiken interagieren, gibt es Interferenzen, die sich als Quantenphänomene manifestieren und die Basis von allem Wahrnehmbaren sind. Elementare Dynamiken strukturieren sich zu Atomen, diese zu anorganischen Molekülen, unter geeigneten Umständen zu organischen.

4. *Leben.* Der riesigen Ansammlung organischer Moleküle auf der Erde entsprang einmalig der Hyperzyklus von einander gegenseitig prägenden Molekülen: die Basis für Leben. Soweit bisher bekannt, nur auf der Erde.

5. *Biologische Datenverarbeitung.* Das Zusammenwirken von Zellen und Zellverbänden wurde in der Evolution zunehmend ergänzt durch das Aufeinandertreffen bloßer Stellvertreter biochemischer Zustände: durch Signale in Leiterbahnen, Ganglien, Gehirnen.

6. *Denken.* Der biologischen Datenverarbeitung entsprang Denken. Dieses kommt nicht umhin, sich die Welt als Körper in den Koordinaten der Anschauungen a priori vorzustellen.

Der ontologische Kreis beantwortet die Frage: »Was kann ich erkennen?«, mit der sich Kants »Kritik der Reinen Vernunft« auseinandersetzt. Jedoch zielen mit Bewusstsein ausgestattete Wesen nicht primär auf Ontologie, sondern auf ein eigenes glückliches Leben ab. Sie verlangen Antworten auf Fragen, wie sie Kant in seiner »Kritik der Praktischen Vernunft« stellt: »Wie soll ich handeln? Was kann ich hoffen?«, auch auf die Frage, wie sich Gesellschaften organisieren sollen: politisch, wirtschaftlich, kulturell. Grundlage für die Beantwortung dieser Fragen ist die Gewissheit des »Freien Willens«. Kant postulierte diesen kurzerhand, während gegenwärtige Hirnforschung daran zweifelt. Das Modell des Konsequenten Humanismus erkennt ihn über seine unersetzliche Funktion: die Lösungen zu bewerten und zu wählen, die Denken für die Welt hervorbringt, in der Instinkte allein nicht ausreichen. Im Raum, den Freier Wille eröffnet, tut sich die Möglichkeit gelingenden Lebens auf: »Glück«.

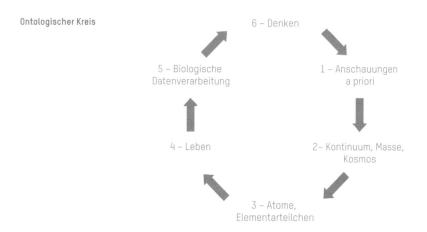

Ontologischer Kreis

6 – Denken

5 – Biologische Datenverarbeitung

1 – Anschauungen a priori

4 – Leben

2 – Kontinuum, Masse, Kosmos

3 – Atome, Elementarteilchen

Das Modell begründet, was gelingendes individuelles Leben ist, und was dazu führt; ebenso, welches seine Voraussetzung ist: der »Zweckmäßige Staat«, und dessen Voraussetzung: »mündige Bürger«. Beides bedingt einander, beides leitet sich aus den vorangegangenen Stufen her und bildet das Fundament dafür, dass »alle Menschen gleich glücklich sein könnten«.*Lichtenberg*

Jede wissenschaftliche Erkenntnis beruht auf einem Entwurf, der die »Probe am Probierstein der Wirklichkeit«*Kant* bestanden hat. Im Modell des Konsequenten Humanismus ist das Ganze der Entwurf. Dieser besteht die Probe, da jede seiner Stufen als Wissenschaft belegt ist und jede Stufe aus der vorangehenden stringent hervorgeht. Dabei wird deutlich: Erkenntnis ist das, was das Bewusstsein aufbaut, und nicht wie bei Platon: Stücke eines vor den Menschen bestehenden Erkenntnisinventars, dem sie allmählich auf die Spur kommen.

Hyperstasen

Das vorgelegte Modell ist mit zwei didaktischen Herausforderungen konfrontiert:

— mit einer Art von Unschärferelation: die für Schlüssigkeit notwendige Fülle von Erkenntnissen ist unüberblickbar, umgekehrt ist die Argumentation mit unvollständigen Erkenntnissen nicht schlüssig;
— mit der Überführung von einer Stufe zur andern.

Um der Unschärferelation beizukommen, braucht es Verdichtung, Veranschaulichung und Begriffe wie »Selbstorganisation«, »Evolution«, »Datenverarbeitung«, die weitläufige Tatbestände umfassen und zugleich deren Essenz nicht verfehlen. Dabei ist die Fülle an Einzelerkenntnissen kein Hindernis für ein Gesamtbild, sondern dessen Voraussetzung, wie beim Erstellen eines Puzzles.

Für das schwierige Verständnis der Sprünge von einer Stufe zur nächsten sei an Folgendes erinnert:

- die Burg im Sandkasten ist zwar aus Sand, aber sie ist nicht Sand, sondern Burg, sie ist etwas Neues und im Sand nicht schon enthalten;
- eine Melodie besteht aus ihren Tönen, aber ihre Essenz sind nicht die Töne;
- Leben besteht aus Molekülen, aber dessen Essenz sind nicht die Moleküle.

Hinzu kommt das Phänomen der *Selbst*-Organisation: Wird eine Ladung Kies auf den Bauplatz gekippt, entsteht ein Schüttkegel; dieser organisiert sich selbst, er wurde nicht vorausgedacht und auch nicht beabsichtigt; oder werden gleiche Kugeln aneinandergeschoben, organisieren sie sich ohne jedes Dazutun zu gleichseitigen Dreiecken. Das selbstorganisierte Auseinanderhervorgehen der Stufen erfasst das Modell mit dem neuen Begriff »Hyperstase«[1]: *Hyperstase = Produkt der Selbstorganisation eines Substrats.*

Selbstorganisation

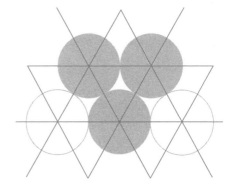

Der Mensch hat nicht die Welt im Kopf, sondern Vorstellungen davon, und das Koordinatensystem für jegliches Abbilden sind Raum und Zeit. Wer sich, ohne jede philosophische Absicht, fragt, was Raum und Zeit seien, muss bald einsehen, dass es unmöglich ist, diese auf andere Begriffe zurückzuführen oder sie wegzudenken; sie bilden das nicht überschreitbare Koordinatensystem für die Vorstellung der Welt. Mit dieser Einsicht entfällt ein Komplex philosophischer Fragen, etwa, was Zeit sei oder Ewigkeit, warum überhaupt etwas sei und was der Zweck davon. Deduktive Physik hebt die Unverträglichkeit von Einsteins Relativitätstheorie mit den Anschauungen a priori auf.

I. Hyperstase: So wie ein Hurrikan aus Ungleichgewichten *ent*steht und aus Luft und Wasser *be*steht, aber nicht Luft und Wasser ist, sondern *Dynamik* davon, so ist Masse Dynamik des Kontinuums. Dieses ist spezifiziert, während Anaximanders Apeiron, Plotins Ureines, Descartes' Äther, Einsteins Raum-Zeit-Kontinuum bloße Ideen waren. Die Mathematik, um das Verhalten eines Kontinuums zu erfassen, sind Feldtheorien. Alle großen Theorien induktiver (konventioneller) Physik sind Feldtheorien; mit diesen kann sie das Verhalten von Elementarteilchen bis Galaxien berechnen, nicht aber begründen.

II. Hyperstase: Das Zusammenwirken von elementaren Massendynamiken führt wieder zu etwas gänzlich Neuem: Strukturen. Der Grund dafür liegt darin, dass die der Massendynamik inhärente Rotation im Raum eine Achse definiert (Spin), also eine Ausrichtung, was Raum als Anschauung nicht hat. Die unterste Hierarchiestufe stabiler Strukturen sind Protonen und Neutronen, daraus bilden sich zusammen mit ebenfalls stabilen Elektronen *Atome,* daraus *Moleküle,* unter geeigneten Umständen komplexe *organische Moleküle* (die noch kein Leben sind). Die Wissenschaft, die Zustandekommen und Zusammenhalt der Strukturen beschreibt, heißt Quantenmechanik. Sie wurde im Wesentlichen erraten, geht in der deduktiven Physik zwingend aus der Massendynamik hervor und steigt damit vom Olymp des Unbegreiflichen ebenso herunter wie die Relativitätstheorie.

III. Hyperstase: Die Essenz des Sprungs zu Leben liegt in einem Zyklus von Strukturen, worin das Positiv der DNA der Bauplan für das Negativ ist und umgekehrt (Hyperzyklus). Damit tritt das Phänomen Information ins Universum. Auf der Erde naturgesetzlich, im Universum offenbar selten.

IV. Hyperstase: Das Zusammenwirken von biologischen Molekülen in Zellen und von Zellen miteinander wird durch Konzentrationen und Abgrenzungen gelenkt: Was aufeinander wirken soll, ist in Berührung, und was nicht, ist getrennt. Der nächste große Sprung ist jener zu Stellvertretern für die von Molekülen ausgehenden Kräfte, zu bloßen Signalen. Es ist der Sprung zu *biologischer Datenverarbeitung* – dem Urgrund von allem Geistigen.

V. Hyperstase: Das Wesentliche des Sprungs von biologischer Datenverarbeitung zu *Denken* liegt in Entkopplung und Verselbständigung gewisser Datenverarbeitung von reflex- und instinktgetriebenen Zwängen. Diese entkoppelte Datenverarbeitung baut eine Vorstellung der Welt auf, die beim Kleinkind bald so umfassend wird, dass sie das Subjekt selbst enthält. Wieder liegt ein Zyklus vor: Das Subjekt denkt – Denken bringt das Subjekt hervor.

Der Mensch ist durch die Gesetzmäßigkeiten von Leben allein nicht zu erklären. Was ihn ausmacht, Denken oder gleichbedeutend: Bewusstsein, unterscheidet ihn von andern Primaten nicht bloß graduell, sondern kategorisch. Mit Bewusstsein tritt ein ebenso neues Phänomen ins Universum wie Leben selbst. Bewusstsein ist die Horizonterweiterung, der alle Lust, alles Leid, alle Furcht, alle Zuversicht, alles Menschliche entspringt.

Bewusstsein impliziert Freien Willen als Begleiterscheinung, nicht als weitere Hyperstase. Der Mensch ist nicht frei, als was und in welche Welt er »geworfen« sein wolle. Seine Freiheit liegt im jeweils nächsten Schritt und ist doch die Freiheit, die er empfindet.

Ebenso ist »Glück« eine Begleiterscheinung, nämlich der physiologischen Natur von Lernen: Lebensförderliche Absichten und Erfahrungen führen zur Ausschüttung von Hormonen, die bejahende Stimmung hervorrufen.

VI. Hyperstase: Über zahllosem menschlichen Leben entfaltet sich als letzte Hyperstase Kultur, die mehr ist als Summierungen von individuellem Verhalten: Es entstehen Sprache, Gesellschaft, Staat, Wirtschaft, Wissenschaft, Kunst, Philosophie, Religion. Dies alles organisiert sich in historischen Zeiträumen selbst und entwickelt sich aus gering unterschiedlichen Anfängen zu ausgeprägten, eigenständigen Kulturen, obschon deren Substrat immer dasselbe ist: die menschliche Natur.

Genetisch entwickelte sich der Mensch im Zeitraum der Menschheitsgeschichte nicht weiter. Davon gingen etwa Jacob Burckhardts »Weltgeschichtliche Betrachtungen« aus: »vom einzig bleibenden [...] duldenden, strebenden und handelnden Menschen, wie er ist und immer war und sein wird.« Hingegen evolvieren die religiöse, politische und wirtschaftliche Organisation von Gesellschaften, und diese stecken den Rahmen ab, innerhalb dessen das Individuum, sein Bewusstsein und seine Aspirationen heranwachsen. Die Entwicklung des Rahmens war übrigens im 20. Jahrhundert in Bezug auf Menschenrechte, Demokratie, Bildung, Gesundheit und Wohlstand substantiell – bei allen barbarischen Rückschlägen. Doch bleibt der Weg zu einer Kultur, die der menschlichen Natur angemessen ist, zu »Konsequentem Humanismus«, noch weit.

Humanismus steht, verdichtet, für das Bemühen um artgerechte Lebensinhalte und Gesellschaftsbedingungen. Von Horaz bis in den deutschen Idealismus im 18./19. Jahrhundert wurde Humanismus poetisch und emphatisch besungen, um der Realität aufs Tragischste zu unterliegen: statt der hohen Ideale dominierten Kriege, Genozide, Kommunismus, Nationalsozialismus. Allmählich verstummten die Hymnen, nach dem Zweiten Weltkrieg gar radikal. Das humanistische Ideal war nicht falsch, doch genügt es nicht, das Wünschbare zu wünschen. »In Friedenssachen spielen Talent und Instinkt eine erheblichere Rolle als die gute Absicht, die an sich etwas total Charakterloses ist.«*Robert Walser*

Konsequenter Humanismus ist derjenige Idealismus, der von Erkenntnis, dem Vermögen, das den Menschen definiert, ausgeht. Tragfähig ist nur, was auf der Wirklichkeit – diejenige Vorstellung der Welt, die von der Welt bestätigt wird – baut. Von den Anschauungen a priori über Hyperstasen aufsteigend, ergibt das Modell des Konsequenten Humanismus unausweichlich, dass

—   *individuelles Glück* nicht geringer ausfallen muss als das kühner Träume, vorausgesetzt, Menschen sind zweckmäßig organisiert, wissen, was gewusst werden kann, halten ihre Absichten über den Tag hinaus ein;
—   *Gesellschaften zweckmäßig organisiert sind,* wenn Individuen selbst bestimmen, was sie bestimmen können; analog Gemeinde, Provinz, Staat; und Staaten damit im Dienst der Entfaltung ihrer Bürger stehen.

Da das Modell strikt der Ratio folgt, argumentiert es dann nicht am »Innersten«, am »Göttlichen« im Menschen vorbei? Nein: Die Vernunft

—   hilft als Navigationsgerät dem unschuldigen, innersten Wesen durch die von Menschen geschaffene Welt; je tragfähiger die Erkenntnis, desto sicherer;
—   leitet das Individuum nicht nur an, sich in dieser Welt zurechtzufinden, sondern auch das Innerste in seiner Reinheit, Weisheit und Lebensfreundlichkeit zu erkennen und zu wecken;
—   legt damit das Göttliche im Menschen frei;
—   weist den Weg, über alles Drängen und Sperren in Gemüt und Welt hinweg, zum eigentlichen, unermesslichen, unveräußerbaren Besitz: der verständigen, beständigen, bejahenden Persönlichkeit.

Unbequem daran ist: Die Erkenntnis muss erworben werden. Wäre in der Welt die Liebe zu Erkenntnis so groß wie in religiösen Bekenntnissen die Liebe zu Gott – die Menschheit wäre weiter. Um mit Horaz zu sprechen: »Sapere aude.«

1
Unerschütterliches Fundament:
Anschauungen a priori

Wirklichkeit und Abbildung

Die Vorstellungen im menschlichen Gehirn werden aktiv hervorgebracht und sind nicht bloß Spiegelungen der Außenwelt. Visuelle
Bilder etwa sind das Produkt der Verarbeitung einfallender elektromagnetischer Strahlung. Wie synthetisch das Bild ist, illustriert die
Vertauschung durch eine Operation der Sehnerven eines Chamä-
leons: danach wirft es seine Zunge exakt in die Gegenrichtung der
Beute. Die Illusion ist perfekt: Das Subjekt hält sich für einen unbe-
teiligten Zeugen der Anwesenheit der Gegenstände und verlässt sich
auf das konstruierte Bild in unbeschränkter Selbstverständlichkeit.
Goethe hingegen hat sich »beim Betrachten der Natur […] unausge-
setzt die Frage gestellt: ist es der Gegenstand, oder bist du es, der sich
hier ausspricht?«

Für eine Fotografie braucht es Fotopapier, dessen Moleküle auf
Wellenlängen von einfallender elektromagnetischer Strahlung spezi-
fisch reagieren, zum Beispiel auf 400 Nanometer so, dass violettes
Licht reflektiert wird. Aber Mona Lisa kann auch durch geeignete
Gräser auf einem Feld dargestellt, oder ein Straßenverlauf mit der
großen Zehe in den Sand gezeichnet werden. *Für* ein Bild braucht
es ein Substrat, und es kommt nicht drauf an, was dieses selbst ist; *im*
Bild braucht es eine Ordnung unter den Bildpunkten. Auf einer Fotografie beispielsweise gibt es keine räumlichen, sondern bloß zwei-
dimensionale Relationen, die das Auge mit Hilfe der Gesetze der
Perspektive zu räumlichen Gegenständen rekonstruiert. Eine Zeich-

nung im Sand, »da ist Rom und da Paris«, impliziert Maßstab und Nord-Süd-Achse; bei der Bildfolge eines Films braucht es zusätzlich eine zeitliche Ordnung.

Dies gilt nicht nur für visuelle Bilder, sondern für alle Vorstellungen: Wie immer das menschliche Gehirn Bilder konstruiert, sie müssen verlässlich durch die vorgestellte Welt helfen. Thomas von Aquin bringt es auf den Punkt: »Das Ding im Verstand wird nach der Weise des Verstandes – und nicht nach der Weise des Dinges aufgenommen.«

Wenn eingesehen wird, dass

– Raum nur durch Bewegung – also in der Zeit, Zeit ebenfalls nur durch Bewegung – also im Raum erfahren werden können,
– nur Körper solche »Erfahrungen« machen können,
– Körper dadurch gekennzeichnet sind, dass sie permanent (in der Zeit) und undurchdringbar (im Raum) sind,

so ist das kein Zirkelschluss, bei dem das Vorausgesetzte schon das zu Beweisende enthält, sondern es drückt sich die Natur des Darstellungsvorgangs aus, in der es bloß um die Übereinstimmung von Relationen geht. Körper, Raum und Zeit sind nicht die Wirklichkeit, sondern die phylogenetisch bereitgestellten Mittel, um die Vorstellung der Wirklichkeit hervorzubringen.

Die grundsätzliche und buchstäbliche Unbegreifbarkeit von Raum und Zeit führte Kant 1781 in die Philosophie als »Anschauungen a priori« ein: »Raum ist keine Erfahrung, da alle räumliche Erfahrung die Vorstellung von Raum voraussetzt.« Und: »Zeit ist nichts als die subjektive Bedingung, unter der alle Anschauungen in uns stattfinden können.«

Mit »Körper«, in seinem Sprachgebrauch »Substanz«, tat sich Kant schwer. Er stellte zwar einen »Grundsatz der Beharrlichkeit der Substanz« auf: »Alle Erscheinungen sind in der Zeit […] in [ihnen] muss das Substrat anzutreffen sein […] [welches das] Beharrliche ist […]

Also ist in allen Erscheinungen das Beharrliche der Gegenstand selbst«. Die dieser Substanz-Zeit-Beziehung (Permanenz) analoge Verbindung zwischen Substanz und Raum (Undurchdringbarkeit) stellte er jedoch nicht her. Ihm fehlte dazu die Atomismus-Idee, die alle Materie als aus kleinsten Einheiten zusammengesetzt deutet. Deshalb konnte er Substanz in ihrer »Mannigfaltigkeit der Erscheinung« nicht als Anschauung a priori einstufen, sprach aber darüber, als ob.

Kants Mühe mit dem Substanzbegriff ist kein Zufall, denn die Physik kann auch nicht sagen, was Substanz, in ihrem Fall »Masse«, ist. Wie »schwer« im Sinn von substantiell eine Masse ist, erkennt man an der Kraft, mit der sie die Erde anzieht: Masse mal Erdanziehung; und wie »träg« am Widerstand gegen Beschleunigung: Masse mal Beschleunigung. Gleichgesetzt fällt Masse heraus, was bedeutet: Die Beschleunigung ist gleich der Erdanziehung, die für alle Massen – ob Daunenfedern oder Bleikugeln – gleich ist. Damit ist nur das Schwerefeld der Erde konstatiert, nämlich die Wechselwirkung von Massen – nicht was Masse *ist*.

Physik nimmt Masse einfach als gegeben hin, leitet aus ihrem Verhalten Kraftfelder ab und kleidet diese mathematisch in Feldtheorien. In allen Feldtheorien verborgen ist ein Kontinuum, bei Einstein das »Raum-Zeit-Kontinuum«. Konventionelle Physik geht demnach induktiv vor: Sie schließt von der Erscheinung auf ein Kontinuum.

Die deduktive Physik geht den umgekehrten Weg: von Kontinuum zu Masse als Dynamik davon. Die Konstituenten dieses Kontinuums sind reine Körper, definiert als permanente, undurchdringbare Volumina, Gegenstücke zu leerem Raum und durch nichts Weiteres gekennzeichnet, weshalb die deduktive Physik »Körper« als dritte Anschauung a priori zu »Raum« und »Zeit« hinzufügt. Damit benötigt sie für die Darstellung der materiellen Welt nur das Koordinatensystem, das durch Raum und Zeit aufgespannt wird, sowie Körper darin und leitet daraus alle materiellen Erscheinungen ab.

Die drei Anschauungen a priori haben eine Entsprechung in den drei Fundamentalkonstanten der Physik, was Philosophie wie Wissenschaft darin bestärken würde, dass sie die Basis für alle Erkenntnis bilden – wenn nicht vor hundert Jahren die Relativitätstheorie (RT) mit Vorstellungen gekommen wäre, die die Anschauungen a priori für nichtig erklärte: mit sich dehnender Zeit, sich dehnendem und krümmendem Raum und mit Masse, die mit eigener Geschwindigkeit anwächst – bei Lichtgeschwindigkeit ins Unendliche.

Die triumphale experimentelle Bestätigung der Voraussagen Einsteins entzog der Philosophie den sicheren Boden. Um diesen wiederzugewinnen, ist eine Auseinandersetzung mit der RT vonnöten. Da das Bewusstsein von Raum und Zeit als vom eigenen Dasein unabhängigen Dimensionen bei Kindern nicht von Anfang an ausgebildet ist, ist zuvor zu betrachten, wie dieses sich als Abstraktions- und Objektivierungsleistung einstellt.

Was hat der davon, der weiß, wie Materie gedacht werden kann? Einmal wird sein natürlicher Reflex, der alles erklärt haben muss, beruhigt. Er kann darauf aufbauen und sich über wenige Stufen »Leben« erklären. Er kann »Geist« verstehen, dessen Essenz zwar das Materielle überschreitet, jedoch Struktur von Materie ist. Er ist schließlich von aller Spekulation befreit und frei, mit auf unerschütterlichem Grund erkannten Gesetzmäßigkeiten seine Vorstellung der Welt aufzubauen.

Deduktive Physik

THEORIE

Feldtheorien → Kontinuum

INDUKTIVE PHYSIK
konventionell

DEDUKTIVE PHYSIK
hier zugrunde gelegt

Erscheinungen ← Kontinuum

WIRKLICHKEIT

Mit der Freiheit der Bewegung entsteht das Bedürfnis, den Freiraum dafür zu erkunden. Dabei kommt es nur auf die Unterscheidung »Freiraum« oder »Undurchdringbarkeit« an, nicht darauf, was das undurchdringbare Hindernis *ist*.

Die ersten Tast-Erfahrungen des Säuglings konstatieren Undurchdringbarkeit: Ist ein Körper im Weg der Händchen oder nicht? Seine Spiele mit Klötzchen lehren ihn einzusehen, dass nicht zwei denselben Raum einnehmen können, wie umgekehrt, dass eines nicht an zwei Orten zugleich sein kann. Mit acht Monaten hat er die Permanenz (Kants Beharrlichkeit) verinnerlicht: Versteckt man Gegenstände unter einer Decke, sucht er sie; zuvor noch hatte er sich einfach etwas anderem zugewandt.

Raum manifestiert sich zunächst nur als Distanz vom Kind zu einem Gegenstand, später erweitert sich die Perspektive über die Einsicht in Längenunterschiede. Bezüglich Zeit gibt es zunächst früher und später, schneller und langsamer, länger und kürzer. Wenn eine von zwei parallellaufenden Spielzeugeisenbahnen schneller fährt, sagt das Kleinkind, diese komme weiter – was es sieht; es kann aber nicht ausdrücken, diese käme früher ans Ziel.

Eine objektive Zeit und einen objektiven Raum, je von seiner Anwesenheit unabhängig, rechnet ein Kind erst mit sieben, acht Jahren hoch – und kann fortan Raum und Zeit nie mehr wegdenken. Sie sind unentrinnbar, und doch war die Philosophie schachmatt, als das Experiment von 1919 während der Sonnenfinsternis in England die Mathematik Einsteins bestätigte, die er als Folge von Dehnung und Krümmung von Raum und Zeit auslegte, was aus der Sicht der deduktiven Physik unnötig ist.

Fundamentalkonstanten

Induktive Physik stellt die materielle Welt wohl in Raum und Zeit dar, aber statt der Dimension »Körper« behilft sie sich mit »Masse«.

Sie definiert Masse über ein bestimmtes *Volumen* einer bestimmten Substanz: ein Liter Wasser sei ein Kilogramm, und alle Substanz, die so träg und so schwer ist, auch.

Alles, was Physik aussagt, sagt sie in den drei Dimensionen Länge (für Raum) in Meter *m*; Zeit in Sekunden *s*; Masse in Kilogramm *kg*. Elektrizität ist mit Masse über die dimensionslose Feinstrukturkonstante α verbunden und repräsentiert keine zusätzliche Dimension. Ebenso, wie sie sich in drei Dimensionen ausdrückt, findet sie drei Fundamentalkonstanten[1]:

c, Lichtgeschwindigkeit $\dfrac{m}{s}$

G, Gravitationskonstante $\dfrac{m^3}{kg \cdot s^2}$

h, Wirkungsquantum $\dfrac{m^2 \cdot kg}{s}$

Meter, Sekunde und Kilogramm sind arbiträre Maßstäbe: ein 40'000'000stel des Äquatorumfanges, ein 86'400stel eines Tages, Trägheit und Schwere von einem Liter Wasser – hingegen sind die Fundamentalkonstanten *c, G, h* Tatsachen, die unabhängig von den Maßstäben der Physik sind, was sie sind. Hätten sie andere Werte, sähe die Welt anders aus: Elementarmassen wären größer oder kleiner, oder es gäbe gar keine. Die Gravitation wäre so stark, dass alle Himmelskörper zu einem Klumpen zusammengezogen würden, oder so schwach, dass keiner zusammenhielte. Die quantenmechanischen Interferenzen wären so schwach, dass die Elektronen in die Atomkerne stürzten und somit keine Moleküle und schon gar nicht Leben entstünde etc.

Da in der deduktiven Physik die Fundamentalkonstanten die Eigenschaften sind, die das Kontinuum in Raum und Zeit kennzeichnen, und da sie alle Materie aus der Dynamik dieses Kontinuums herleitet, sind alle Erscheinungen auf Anschauungen a priori zurückgeführt und werden damit »auf die Weise des Verstandes«[von Aquin] aufgenommen.

Raum- und Zeitkoordinaten laufen ins Unendliche, was ihre Natur als Anschauungen hervortreten lässt. Das Universum hingegen, das in diesen Koordinaten abgebildet wird, erweist sich als endlich. Im Nachhinein können die beiden Giganten versöhnt werden: Newtons »absoluter Raum« und »absolute Zeit« beziehen sich auf das Koordinatensystem aller Vorstellung – Einsteins »absolute Lichtgeschwindigkeit« auf das darin vorgestellte Kontinuum.

Irritation durch die Relativitätstheorie

Kants Anschauungen a priori sind die grundlegendsten Einsichten in Denken, die Philosophie hervorgebracht hat, zugleich sind sie die am hartnäckigsten verweigerten: Denker legen immer von neuem Spekulationen vor, insbesondere darüber, was Zeit sein könnte.

1905 führte Einstein die Begriffe »Raumdehnung«, »Zeitdilatation« und »Raum-Zeit-Kontinuum«, zehn Jahre später auch noch »Raumkrümmung« ein und stiftete damit Verwirrung und Erlösung zugleich: Verwirrung für diejenigen, die die Anschauungen a priori begriffen glaubten; Erlösung für die anderen, denn nun gab es etwas weit Unbegreiflicheres, also musste dies die Wahrheit sein.

Schon die Spezielle Relativitätstheorie (Spezielle RT) übersteigt alle Anschauung gleich zu Beginn der Herleitung: Erst wird für Abstände ein »Vierervektor« eingeführt, dann um einen imaginären Winkel gedreht, später aus formalen Gründen geschlossen, Impuls sei auch ein Vierervektor (mit Zeit in der vierten Dimension) – und nach einer Kette abstrakter Operationen ist $E = mc^2$ da. Ein ETH-Professor* zu seinen Studenten: »Ihr geht da Schritt für Schritt durch, akzeptiert, was rauskommt, und versteht nichts. Niemand versteht das.«

In seinen Vorlesungen in Princeton im Mai 1921 mokierte sich Einstein darüber, dass die Physiker die »Begriffe über Raum und Zeit [...] aus dem Olymp des a priori herunterholen mussten«. Dabei verwechselte er augenfällig »a priori« mit »absolutum« und verkannte, dass Kants Anschauungen a priori eine ungleich einschneidendere Relativität feststellten als seine Relativitätstheorie, nämlich jene zwischen Denken und Wirklichkeit – nicht bloß zwischen relativ zuein-

---

* Jakob Ackeret, 1898-1981; Physiker, Pionier der Strömungswissenschaft, prägte den Begriff »Mach-Zahl«.

ander bewegten (Spezielle RT) oder in Wechselwirkung stehenden Körpern (Allgemeine RT).[2]

Erkenntnis wächst aus der Lösung von Widersprüchen, und der Widerspruch, den Einstein zuerst löste, war dieser: Wenn sich eine Lichtquelle auf einen Beobachter mit Geschwindigkeit v zubewegt, und das Licht mit Lichtgeschwindigkeit c von der Quelle weggeht, dann erwartet der Beobachter intuitiv eine Ankunftsgeschwindigkeit von $c + v$. Aber gemessen wurde in den 1880er Jahren bekanntlich nur c (Michelson und Morley). Wie löste Einstein den Widerspruch? Sein erster Schritt enthält schon alle Irritation der späteren Resultate: Er sagte sich, wenn doch das Verhältnis von Weg zu Zeit für Licht immer c ergebe, müssten halt Weg und Zeit »relativiert« werden. Statt, wie Newton Raum und Zeit, setzte er also c absolut. Dann probierte er aus, wie sich ein Koordinatensystem K' mit Ursprung in der Lichtquelle zum Koordinatensystem K des Beobachters verhalten müsse, damit Licht sowohl mit c von dort ausgesandt als auch mit c hier empfangen würde.

Seine Folgerung war, dass Raum und Zeit um die Lichtquelle kontrahiert seien; die Konsequenzen gehen jedoch noch viel weiter: Masse nehme mit v zu und damit auch der Impuls (Impuls = Masse mal Geschwindigkeit). Zu einem Impuls[3] gehört eine Energie, und ein Dreisatz liefert unmittelbar das Jahrhundertergebnis: nämlich dass diese Energie auch in Ruhe nicht null ist, sondern das berühmte $E_{Ruhe} = mc^2$.[4]

Einsteins Verblüffung müsste groß gewesen sein, wenn er eingesehen hätte, dass sein Resultat von Newtons Formulierung des Impulssatzes stammt: Hätte Newton bloß »Kraft gleich Masse mal Beschleunigung« geschrieben, wäre Einstein nicht weit gesprungen. Er hatte also Glück, denn einen experimentellen Nachweis, dass die intuitive Formulierung Newtons gilt, gab es 1905 nicht.[5] Die Verblüffung war allerdings auch so schon groß, weil nun kinetische Energie als reine Zunahme von etwas zu verstehen war, das man in keiner Weise auf der Rechnung hatte: Ruhenergie mc^2. Sie ist ein Fingerzeig dafür, dass Masse Dynamik ist, nicht Korpuskel.

Der einfache Grund dafür, dass Licht von jeder Quelle mit c ausgestrahlt und von jeder Masse mit c empfangen wird, gleichgültig, ob sie sich gegeneinander bewegen, liegt aus Sicht der deduktiven Physik darin, dass

— das Kontinuum unmittelbar an der Oberfläche einer Masse ruht (so ruht auch die Luft an der Ohrmuschel trotz stärkstem Wind – er bläst nicht in die Ohrmuschel hinein und hindurch),
— die Ausbreitungsgeschwindigkeit von jeglichen Störungen (wie Wellen es sind) im ruhenden Kontinuum c ist.

Dennoch darf für die Frequenz der Lichtwellen, wenn sie beim Beobachter eintreffen, nicht einfach die lineare Addition erwartet werden (der Originalmenge an Signalen je Sekunde plus die durch das Heranrücken gewonnenen[6]), denn das in Ruhe kugelförmige Feld einer Masse wird kontrahiert, wenn sie sich mit v relativ zum Kontinuum bewegt – wie eine Quelle im Gegenstrom. Dadurch wird die Wellenlänge der Strahlung verkürzt, nämlich um den Faktor der Lorentz-Kontraktion, und die Frequenz wird umgekehrt proportional erhöht, was zum Dopplereffekt[7] führt, bei dem die Frequenz rascher als linear ansteigt und für $v \rightarrow c$ unendlich wird (entsprechend einem Überschallknall). Damit lassen sich alle Ergebnisse der Speziellen Relativitätstheorie verstehen und ebenso einige der Allgemeinen, wenn in den Formeln das kinetische Potential durch das Gravitationspotential ersetzt wird. Es reicht also die Annahme eines Kontinuums und die Darstellung einer Massendynamik darin, um die mit Denken inkompatible Idee zu vermeiden, Raum und Zeit würden sich dehnen und krümmen.

Die Voraussagen der Relativitätstheorie treffen zu, aber Einsteins Deutungen der korrekten mathematischen Ergebnisse als Dehnung von Raum und Zeit sind zu ersetzen:

— nicht die Zeit, sondern die Uhr der bewegten Masse tickt für den ruhenden Beobachter schneller (nicht aber für einen mit der Masse Mitreisenden);

- nicht der Raum dehnt oder kontrahiert sich, sondern das Kontinuum im Raum, analog der Luft, die einen Körper umströmt;
- nicht die Masse nimmt mit Geschwindigkeit zu, sondern ihre Wirkung – etwa das Prasseln des Regens bei hoher Geschwindigkeit auf der Windschutzscheibe;
- Masse ist als Dynamik zu denken, wozu $E = mc^2$ geradezu zwingt, und die Vorstellung von buchstäblich undenkbaren Korpuskeln ist aufzugeben.

Letztlich formalisiert die Relativitätstheorie nur die Relativität von Wechselwirkungen: Nähert sich ein Motorrad einem Beobachter, registriert er höhere Töne, entfernt es sich, tiefere. Mehr gibt die RT für die Philosophie nicht her, hingegen läutete sie in der Physik eine neue Epoche ein.

Lorentz-Kontraktion

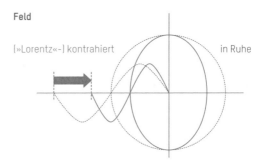

Feld

(»Lorentz«-) kontrahiert   in Ruhe

Am Anfang der Bewusstseinsentwicklung eines Säuglings steht ungerichtetes Bewegen der Glieder, bis eine Wirkung erzielt wird, die nach einigem Wiederholen als Aktion-Wirkung-Schema gespeichert wird. Die Aktion entspringt keinem physiologischen Bedürfnis, sondern einem Reflex, der das Gehirn trainiert. Das Schema enthält die Vorstellung vor der Auslösung der Aktion, so wie sich der Vogel die Landung »vorstellt«, bevor er sich auf einem Ast niederlässt.

Auf diese Weise registriert der Säugling eigene Absichten, und mit neun Monaten erkennt ein Kind seine Intentionen in einem solchen Grad, dass es anderen Menschen ebensolche unterstellt. Ja, es versteht sie als die seinen Intentionen analogen intentionalen Wesen schlechthin. Dies manifestiert sich im Zeigen auf Dinge und Personen, also im Mobilisieren der Aufmerksamkeit dieser Wesen, was selbst bei den aufmerksamsten andern Primaten nicht zu beobachten ist.[Tomasello] Im Analogieschluss unterstellt es später allen Vorgängen Absichten, wird einmal sagen: »Der Ball will zu mir«; es sucht Intentionalität überall: »Warum will der Kirschbaum blühen?« Und es bringt beständig Ursachen-Hypothesen hervor: »Der Mond scheint, damit wir den Weg nach Hause finden.« Entsprechend beginnt die Geistesgeschichte: Mythologien erfinden intentionale Wesen als Antwort auf alle Fragen nach Ursachen und Zwecken, Religionen antworten mit Schöpfungsgeschichten.

Das Kind der westlichen Zivilisation lernt allmählich, Intentionalität in Kausalität zu transponieren und die Wirklichkeit aus der Wirklichkeit zu erklären. Dies ist der gewaltige Schritt, den die Vorsokratiker mit Kausalitätsprinzip: »Alles hat eine Ursache« und Kausalitätsgesetz: »Gleiche Ursachen haben gleiche Wirkungen« machten.

Eine der ersten experimentellen Erfahrungen des Kindes von Kausalität ist, dass der Körper, der zuerst ist, weggebracht werden muss, wenn ein anderer seinen Platz einnehmen soll. Kant hielt Kausalität für a priori; sie ist es jedoch insofern nicht, als sie in letzter Regression darauf zurückzuführen ist, dass Raum nur durch *einen* Körper eingenommen werden kann, weshalb sie in den drei Anschauungen a priori Raum, Zeit, Körper schon enthalten ist. Kausalität beschreibt Abfolgen von Zuständen, also von stehenden Bildern, deren frühere als Ursachen und die späteren als Wirkungen bezeichnet werden. Die stehenden Bilder sind subjektive Konstrukte – objektiv betrachtet »fließt alles«, wird eines aus dem andern, und in diesem Sinn ist alles, was geschieht, von vornherein »kausal«.

Anfang des 20. Jahrhunderts drangen physikalische Experimente in atomare Dimensionen vor und entdeckten eine a-kausale, unerklärliche Welt. In den 1920er Jahren entwickelte eine Handvoll genialer Physiker die Quantenmechanik (QM), mit der all die Wahrscheinlichkeiten und unerklärlichen Zustände berechnet werden können – nicht aber begründet, weshalb die Unbestimmtheiten für objektiv erklärt und die Wahrscheinlichkeitsrechnungen in den Rang von fundamentalen Naturgesetzen gehoben wurden. Damit wurde die Erwartung von Kausalität an der Basis aller Erscheinungen schachmatt gesetzt. Die Philosophie war baff, und die herkömmliche Physik wurde zusätzlich zur RT um eine weitere kolossale Dimension erweitert.

In der deduktiven Physik gehen alle quantenmechanischen Tatbestände aus Interferenzen der Wellen hervor, die von der Massendynamik abgestrahlt werden, und die das Kontinuum überträgt. Die bestimmten Werte stellen sich als Resonanzen heraus – wie Schwingungen in Musikinstrumenten –, und die Unbestimmtheiten als Folge davon, dass Wechselwirkungen in Wellen erfolgen und nicht zu erkennen ist, wo sich die Massen, von der sie ausgingen, in der Welle grad befanden. Damit begründet die deduktive Physik alle Erscheinungen kausal, dennoch reichen die Informationen in atomaren Abständen nie für mehr als die Berechnung von Wahrscheinlichkeiten, wofür Quantenmechanik die perfekten Instrumente liefert.

Philosophen haben auf den quantenmechanischen Tatbeständen »kühne Genieschwünge«$^{Ausdruck\ Kants}$ vollführt, bis hin zur Erklärung des Freien Willens, obwohl Quantenphänomene nicht erheblicher sind als anderes, das nur statistisch erfassbar ist wie das Verhalten der Moleküle von Gasen (Thermodynamik) oder Verkehr. Im Alltag erscheint vieles als a-kausal, also »zufällig«: Man trifft an entlegenem Ort den Nachbarn, oder der Blitz schlägt ein; das Zufällige daran ist, dass man die Weltreise des Nachbarn und die elektrischen Entladungen am Himmel nicht auf der Rechnung hatte. Beides hatte Ursachen, keines allerdings Intention, was im Alltag leicht verwechselt wird. Auch die thermischen Bewegungen der einzelnen Moleküle eines Gases haben Ursachen, nur sind sie rechnerisch nicht zu bewältigen. Populationen davon jedoch sind es und führen zu den thermodynamischen Gesetzen mit den Durchschnittsgrößen Dichte und Temperatur.

Häufig werden Ursachen auf zu hoher Ebene gesucht: Es gibt beispielsweise keine »Verkehrsursache«, nur Ursachen für die einzelnen Verkehrsteilnehmer. Ebenso wenig gibt es eine »Menschen-Ursache«, sondern nur quasi unendlich viele Evolutionsschritte zu diesem hin.

Die Einordnung als »Zufall« gründet also stets auf einem Mangel an Kenntnis oder ist das, was man nicht auf der Rechnung hatte oder das nicht Berechenbare (Einstein: »Das, wobei unsere Berechnungen versagen, nennen wir Zufall«) oder das, was als Hyperstase aus einem Substrat geworden ist, das unter der Erscheinung liegt.

Kausalität ist nicht gleichzusetzen mit Determination (»anonyme Intention«). Dafür bräuchte es einen Plan, der das künftige Ergebnis im Voraus »weiß« und anstrebt – für das Kleinste wie für das Universum als Ganzes. Aber solche Pläne sind undenkbar, weil sie mit grundlegender Erkenntnis im Widerspruch stünden, insbesondere mit dem Hervorgehen von Denken aus biologischer Datenverarbeitung und allem Geist aus Denken.

Könnte es nicht eine den Menschen verborgene Macht im Universum geben, die wirkt, verbindet, lenkt, dafür sorgt, dass jemand in London mitten in der Nacht aufschreit und es sich hinterher herausstellt, dass in diesem Augenblick der Bruder in Alaska gestorben ist etc. Unerklärlich ist vieles, aber es ist nichts gewonnen, dieses durch Unerklärtes zu erklären (etwa »es muss noch etwas geben«). Es bleibt unerklärlich, bis es geklärt ist. Es kann so viel Verborgenes geben, als man sich vorstellen will. Solange es verborgen bleibt, kann es nicht zur Erklärung dienen. Das Gebäude der Erkenntnis enthält jederzeit nur das, was bis dahin erkannt wurde. Alle Rede darüber hinaus ist leer.

Fernwirkung, Kontinuum

Werden Kinder gefragt, woraus die Sonne bestehe, sagen sie etwa: »Aus ganz kleinen leuchtenden Wolkenstücken«; oder wo der im Wasser aufgelöste Zucker nun sei: »So kleine Teilchen, dass man sie nicht sieht.« Die Vorsokratiker argumentierten ähnlich: Sie gelangten zum unteilbar Kleinen, aus dem alles zusammengesetzt sei. »Apeiron« hieß dies bei Anaximander, Heraklit fügte hinzu, dieses sei stets im Fluss, und Demokrit ergänzte, alles Reale bestünde aus Zusammensetzungen davon. Im Nachhinein ist zu erkennen: Das Kontinuum war keine Marotte von Anaximander, Plotin, Descartes oder Einstein, sondern Ausdruck der Natur des Denkens.

Einstein nahm offensichtlich an, Descartes' Äther sei starr mit Newtons absolutem Raum verbunden, was sich nicht verträgt mit der »Konstanz der Lichtgeschwindigkeit«, weshalb er die Idee eines Äthers ablehnte. Wird zugelassen, dass der Äther (oder wie immer das Kontinuum genannt wird) auch strömen kann, gibt es keinerlei Unverträglichkeiten zu den Anschauungen a priori mehr. Spätestens angesichts der Expansion des Universums kommt man um die Einsicht des Strömens nicht herum.

Zwingend wird es, den Raum als mit einem Kontinuum angefüllt zu denken, bei der Frage nach Fernwirkungen: Wenn A auf B wirken soll, muss A mit B in Berührung sein. Dies gelernt zu haben, demonstriert der Säugling, wenn er an einer Unterlage zieht, auf der ein Gegenstand lagert, den er haben möchte. Die Übertragung von Wirkung schrieb Descartes seinem Äther zu: dessen Konstituenten würden aneinanderstoßen und so Impulse weitergeben. Alle Feldtheorien sagen nur das: Das Feld verbindet Ursachen und Wirkungen durch Kontakt in unendlich kleinen (mathematisch: »infinitesimalen«) Abständen.

Das Kontinuum ist seit Anaximander ein Analogon zu Luft, einem Gas aus Molekülen mit Potential (manifest in ihrer ununterbrochenen Bewegung) und Freiraum. Das Kontinuum ist und bleibt das nicht weiter reduzierbare »Ureine«, quasi der Sand im Sandkasten, aus dem Kinder Burgen bauen.

Die Vorstellung vom leeren Raum braucht nicht nur zwingend permanente undurchdringbare Körper – sonst wäre der Raumbegriff unnütz –, sondern diese können und müssen sich bewegen, sonst wäre der Zeitbegriff unnütz. Das Kontinuum füllt den Rahmen, den die Anschauungen a priori vorgeben.

Wäre das Kontinuum ein Gas, so stünden die Fundamentalkonstanten c, G und $\hbar$ *mutatis mutandis* für Temperatur, reziproke Dichte und freie Weglänge. Noch einmal: Die Konstituenten haben nicht schon Masse, nur Volumen, Abstand voneinander und Bewegung. Masse wird erst durch deren Dynamik konstituiert.

Was heißt dann »Sein«?

Wenn alle Erscheinungen auf Körper zurückzuführen sind, ist deren »Sein« durch das Sein bestimmt, das der Anschauung a priori »Körper« zugeordnet ist. Mit Permanenz und Undurchdringbarkeit ist schon alles gesagt, und »Sein« stellt sich als durch die Anschauungen a priori vorweggenommen heraus.

Was ist Sein von Geist? »Materiell« ist Geist Information, und deren Essenz liegt gerade nicht im Körperlichen, sondern in Strukturen. Wird eingesehen, dass mit Undurchdringbarkeit von Körpern nicht ein beliebiger Tatbestand gemeint ist, sondern eigentlich eine Wechselwirkung, nämlich insofern, als Körper andern Körpern den Weg versperren, diese herumschubsen oder von diesen herumgeschubst werden – wie Kleinkinder Körper erfahren –, so wird im Analogieschluss klar, dass auch »Sein« von Information deren Wirkung meint. Information ist die Struktur, die sich mitteilt.

Die Physik spricht von elektrischer Ladung, kann aber nicht angeben, was Ladung konstituiert, sondern misst Wechselwirkungen, denen sie als Ursache Ladung unterstellt. Ladungen sind Eigenschaften von Elementarteilchen und haben keinerlei isolierbare Existenz; Säure ist ihre saure Wirkung; durch die Mauer, die die Fledermaus wahrnimmt, kann sie nicht durch; »Haus« ist seine bergende Funktion. Das Dasein eines Menschen ist sein Wirken und Dulden – nicht seine Biomasse.

All dies abstrahiert: »*Sein*« heißt »*in Wechselwirkung stehen*«. »Sein« erwächst dem Sprachgebrauch: Man sagt von einem Gegenstand, den man objektiviert, also vom Bezug auf sich selbst löst, er »sei«. Der Gegenstand ist Teil des Inventars der Welt des Sprechers. Er müsste eigentlich sagen, er hätte sich den Gegenstand gemerkt. Sein kann denn auch in jedem Satz ersetzt werden: Beeren sind/leuchten rot; Schüler sind/halten sich im Schulhaus auf; zwei und zwei sind/ergeben vier. Dass etwas *sei,* als Projektion des Sprechenden, ist, wie alles Sprachliche, allein durch Zweckmäßigkeit begründet.

Erkenntnisgrenzen

Wer sich der Wirklichkeit stellen will, muss auch sein Erkenntnisvermögen als Teil objektivierbarer Wirklichkeit betrachten, was mit der Einsicht anfängt, dass Kontinuum, Raum und Zeit nicht Teil des Bildinhaltes sind, nicht die Wirklichkeit sind, sondern Material und Rahmen für deren Abbildung – Sand und Sandkasten, womit ein Modell der Welt gebaut werden kann.

Die Anschauungen a priori sind hinzunehmen und weiter nicht zu deuten. Warum dann dieses Aufheben darüber? Weil der Rahmen für jegliches Philosophieren, den sie abstecken, nicht zu überschreiten ist, auch wenn einer über »außerhalb« nachzudenken meint. Die Philosophie war sich offenbar der Anschauungen a priori zu wenig sicher, um Einstein zurück zum Reißbrett zu bitten, als er mit Krümmung und Dehnung von Raum und Dehnung von Zeit kam. »Die Natur hat uns das Schachbrett gegeben, aus dem wir nicht hinauswirken können«. ^Goethe

Anmerkungen zu »Der Anfang des Kreises«

1 Plotin nannte die Stufen »Hypostasen«, aus welchen alles »emaniere«, aber ohne den Aspekt der Selbstorganisation und des Auseinanderhervorgehens zu bedenken. »Hypo« spielt auf Unterlage, Stütze, Substrat an; »histánai«: setzen, stellen, legen. Der naheliegende Begriff »Emanation« kommt dem Werden in Selbstorganisation nicht bei, und »Autopoiese« bezieht sich auf eng definierte Systeme. Deshalb der neue Begriff »Hyperstase«.

Anmerkungen zu »1 – Anschauungen a priori«

1 Fundamentalkonstanten. c, G und h werden in den drei Dimensionen Länge (für Raum) in Meter m, Zeit in Sekunden s sowie Masse in Kilogramm kg dargestellt:

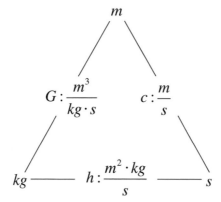

Ladung e aus der Feinstrukturkonstante

$$\alpha = e^2 / \hbar c \rightarrow e = \sqrt{\alpha \hbar c} = \sqrt{\hbar c / 137}$$

Umgekehrt können die drei Dimensionen durch die Fundamentalkonstanten ausgedrückt werden:

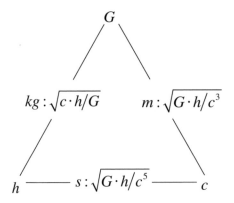

Diesen Wurzelausdrücken werden Namen gegeben wie »Planck-Länge« – und werden von der Stringtheorie als Fluchtpunkte verstanden: »kleinste sinnvolle Länge« – noch um einen Faktor 10^{19} kleiner als der Protondurchmesser. Die »Planckmasse« umgekehrt ist um denselben Faktor 10^{19} schwerer als das Proton. Sie stellt die theoretische Masse dar, die zugleich ein Schwarzes Loch ist:

Compton-Länge $\quad \dfrac{\hbar}{mc} = \dfrac{2Gm}{c^2} \quad$ Schwarzschildradius, daraus folgt

$$m = \sqrt{\dfrac{\hbar c}{2G}}$$

Herleitung der Ergebnisse der Speziellen Relativitätstheorie – ohne deren formalen Apparat; sie ist mit Pythagoras und Dreisatz instruktiver:

Raum- und Zeitdilatation. Der einfachste Ansatz geht davon aus, dass sich ein in K ruhender Punkt in K' mit -v bewegt, und man setzt mit Galilei $x' = x - vt$ an. Dann ist (wegen der Bedingung, dass bei $x/t = c$ ebenso $x'/t' = c$ sein muss) $t' = t - vx/c^2$. Die Rechnung geht aber für exzentrische Relativbewegung (vorbei am Ursprung von K im Abstand r) nicht auf; wird jedoch mit einem Faktor a probiert $x' = a(x - vt)$ sowie $t' = a(t - vx/c^2)$, so stellt sich a mit Pythagoras als $1/\sqrt{1 - v^2/c^2}$ heraus und damit

$$x' = \frac{x - vt}{\sqrt{1 - v^2/c^2}} \quad t' = \frac{t - vx/c^2}{\sqrt{1 - v^2/c^2}}$$

woraus das Wesentliche schon ins Auge springt: Der Lichtquelle kann eine »Eigenzeit« zugeordnet werden, nämlich das t' in ihrem Ursprung, wo $x' = 0 \rightarrow x = vt$ ist. Einsetzen ergibt $t'_{eigen} = t\sqrt{1 - v^2/c^2}$ – unvermeidliche Folge der Idee, dass die Koordinaten nachgeben müssen, wenn doch c nicht nachgibt. Einstein deutete offensichtlich den geringeren Wert von t'_{eigen} als geringere Frequenz, wenn er in Princeton feststellte: »Eine im Anfangspunkt von K ruhende Uhr, deren Schläge durch $l = n$ (sic!) charakterisiert sind, geht – von K' aus beurteilt – in dem Tempo $l' = n/\sqrt{1 - v^2}$ also langsamer …« (»reelle Lichtzeit«, $l = ct$; »v« $= v/c$).

Doch repräsentiert die Variable t von Anfang an Dauer und nicht Frequenz, bezieht sich auf Intervalle, und $t' < t$ drückt folglich aus, dass Zeitintervalle kürzer erscheinen. Tatsächlich trifft ja das (optisch übermittelte) Ticken mit Frequenz ω einer Uhr in K mit erhöhter Frequenz bei K' ein: nämlich mit $\omega' = \dfrac{\omega + kv}{\sqrt{1 - v^2/c^2}}$.

Wird für Licht $\omega/k = c$ gesetzt, wird das Produkt von verkürztem Intervall und erhöhter Frequenz $\omega'\Delta t' = \omega\Delta t(1 + v/c)$ – und der Fluss der Zeit nimmt den intuitiv erwarteten Lauf.

Oft wird der Myonenzerfall herangezogen, um Einsteins Deutung zu bestätigen: weil deren Lebensdauer mit $1\big/\sqrt{1 - v^2/c^2}$ zunimmt – aber sie nimmt mit der Energie (und damit der Frequenz) zu, die sich mit dem reziproken Wurzelausdruck verändert.

3   *Relativistischer Impuls.* Die Spezielle RT fragt, wie der Mitreisende den eigenen Impuls einschätzen müsse; gemeint ist der Impuls bezogen auf K – denn in Bezug auf K' ruht er ja. Aber die Zeit ist mit seiner Uhr zu messen, p':

$$p' = m\frac{dx}{dt'} = m\frac{dx}{dt}\frac{dt}{dt'} = mv\frac{dt}{dt'}$$

Die eben definierte Eigenzeit t' eingesetzt, wird $p' = \dfrac{mv}{\sqrt{1 - v^2/c^2}}$.

4      $E = mc^2$. Statt der Kette abstrakter Operationen der Speziellen RT zu folgen, die zu diesem Jahrhundertergebnis führte, sei per Dreisatz die Energie E' bestimmt, die zu einem solchen p' gehört: Mit Newton ist dp'/dt eine Kraft, ebenso dE'/dx. Dann ist mit $dx/dt = v$: $dE' = dp' \cdot v$. Aus der Ableitung vom oben bestimmten p' nach v resultiert $dp' = mdv\big/\sqrt{1 - v^2/c^2}$. Einsetzen und integrieren ergibt $E' = \dfrac{mc^2}{\sqrt{1 - v^2/c^2}}$.

5   Hätte Einstein statt $d(mv)/dt = Kraft$ das 1905 noch gleichwertige $mdv/dt = Kraft$ benutzt, hätte sich $dE = mvdv$ ergeben, sowie für die Energie folglich nur $E = mv^2/2$ – nicht $E = mc^2$.

6   Lineare Frequenzüberlagerung $\omega_{Beobachter} = \omega_{Emission}\left(1 + v/c\right)$.

7   Dopplereffekt $\omega_{Beobachter} = \omega_{Emission}\dfrac{\left(1 + v/c\right)}{\sqrt{1 - v^2/c^2}}$.

Beispiel: Wenn v die halbe Lichtgeschwindigkeit ist, dann ist die Frequenz, die der Beobachter wahrnimmt, nicht nur 1.5 mal jene des Senders, sondern 1.73 mal. Wäre $v = c$, so ginge die Frequenz gar gegen unendlich.

Inhalt

»Das Modell des Konsequenten
Humanismus« und weitere
interessante Titel finden Sie auf:
www.ruefferundrub.ch

rüffer & rub

———

Sachbücher zu Fragen,
die Antworten verdienen